本书出版受以下项目资助:

国家"十三五"重点研发计划课题"典型资源环境要素识别提取与定量遥感技术"（2016YFB0501404）

促进高校内涵发展定额项目"金课建设重大培育项目"

地表覆盖遥感产品精度验证方法研究

蔡国印　杜明义　著

WUHAN UNIVERSITY PRESS

武汉大学出版社

图书在版编目(CIP)数据

地表覆盖遥感产品精度验证方法研究/蔡国印,杜明义著. —武汉:武汉大学出版社,2021.7(2022.4 重印)
ISBN 978-7-307-22457-5

Ⅰ.地… Ⅱ.①蔡… ②杜… Ⅲ.遥感技术—精度—验证—研究 Ⅳ.TP706

中国版本图书馆 CIP 数据核字(2021)第 137606 号

责任编辑:王 荣 责任校对:李孟潇 版式设计:韩闻锦

出版发行:**武汉大学出版社** (430072 武昌 珞珈山)
(电子邮箱:cbs22@whu.edu.cn 网址:www.wdp.com.cn)
印刷:武汉邮科印务有限公司
开本:787×1092 1/16 印张:7.75 字数:181 千字
版次:2021 年 7 月第 1 版 2022 年 4 月第 2 次印刷
ISBN 978-7-307-22457-5 定价:28.00 元

前　言

近几十年来，随着航天技术、计算机技术和传感器技术的进步，卫星遥感技术向多分辨率、多角度、多传感器方向发展，影像的空间分辨率从最初的公里级到目前的亚米级，光谱分辨率从百纳米级到数纳米级，重访周期也从几十天一次到一天多次，使得遥感影像的可获取性大大提高，为不同层次、不同尺度的遥感应用提供了丰富的数据源。由于卫星遥感数据具有覆盖范围广、时序性好、现势性高等特点，为地表覆盖及土地利用制图提供了稳定的数据源。随着卫星影像空间分辨率的提升，全球性地表覆盖遥感产品的空间分辨率从最初的公里级提高到目前的 10m。由于其全球性、开放性特征，地表覆盖遥感产品受到国内外各行业的广泛关注。无论是产品生产，还是行业应用，地表覆盖遥感产品的精度无疑是需要重点关注的信息之一。

国内外研究人员对地表覆盖遥感产品的精度验证方面开展了大量的研究工作，每一个产品发布时，都会附带产品的精度信息。目前，常用的精度验证方法依然是基于概率统计抽样的方法，其中在抽样方法的选择、样本量的估算、样点真实性解译等方面存在工作量大、不确定性高等问题。本书在国家"十三五"重点研发计划课题"典型资源环境要素识别提取与定量遥感技术（2016YFB0501404）"和促进高校内涵发展定额项目"金课建设重大培育项目"的资助下，开展地表覆盖遥感产品精度验证相关的探究性工作。

本书共分 7 章，第 1 章介绍了地表覆盖遥感产品精度验证的方法以及需要重点关注的问题；第 2 章从概率统计的角度出发，介绍地表覆盖遥感产品精度验证的理论基础；第 3 章为样本点真实性解译，构建了样本点所在区域不同空间分辨率的影像特征对照表；第 4 章以北京地区为例，对 2010 期 GlobeLand30 产品进行抽样测试和检验；第 5 章借助于我国 1∶10 万的土地利用数据，实现对 GlobeLand30 的交叉验证；第 6 章通过设计景观形状指数调整地表覆盖类型的样本分布，与传统分层随机抽样的结果进行对比和分析；第 7 章为样本量估算模型的研究及实例分析。

本书的出版得到北京建筑大学测绘与城市空间信息学院的支持。感谢研究生赵国庆、任慧群、李超鹏、王媛、程向、冉蜀庆等在资料收集与整理、遥感数据处理、实地数据采集、样点真实性解译以及精度验证方法研究等方面提供的帮助。

限于作者水平，书中不足之处在所难免，恳请广大读者和同行批评指正！

作　者

2021 年 4 月 30 日

目　　录

第1章　绪论 ··· 1

1.1　研究背景 ··· 1

1.2　地表覆盖遥感产品概述 ·· 2

1.3　地表覆盖数据产品精度验证方法概述 ··· 3

  1.3.1　抽样设计 ·· 4

  1.3.2　响应设计 ·· 4

  1.3.3　分析 ·· 5

1.4　精度评定需要考虑的主要问题 ··· 5

  1.4.1　地面数据采集 ··· 6

  1.4.2　分类方案 ·· 6

  1.4.3　空间自相关 ··· 7

  1.4.4　样本量 ··· 7

1.5　本书结构 ··· 7

第2章　遥感产品精度验证理论基础 ·· 8

2.1　样本量估算 ·· 8

  2.1.1　分层抽样符号定义 ··· 9

  2.1.2　估计量的性质 ··· 10

  2.1.3　样本量计算 ··· 12

2.2　样本分配 ··· 14

2.3　精度评定方法 ··· 15

  2.3.1　混淆矩阵 ·· 15

  2.3.2　面积加权混淆矩阵 ··· 16

第3章　样点真实性解译及实地验证 ··· 18

3.1　研究区 ·· 18

3.2　数据及数据处理 ··· 19

  3.2.1　测试数据 ·· 19

  3.2.2　参考数据 ·· 21

  3.2.3　数据处理 ·· 25

3.3　地面实测数据 ··· 27

3.4　样点地面真实性解译对照 ··· 30

第 4 章　GlobeLand30 精度抽样测试与分析 ····································· 31
4.1　GlobeLand30 产品概述 ·· 31
4.2　研究方法 ··· 31
4.2.1　研究区 ··· 31
4.2.2　数据及处理 ·· 32
4.2.3　研究方法 ··· 32
4.3　结果与分析 ·· 34
4.3.1　精度评定结果 ··· 34
4.3.2　产品错分误差分析 ·· 36
4.3.3　讨论 ·· 38
4.4　结论 ·· 39

第 5 章　GlobeLand30 产品精度交叉验证方法研究 ··························· 40
5.1　概述 ·· 40
5.2　数据及处理 ·· 41
5.2.1　研究区及数据 ··· 41
5.2.2　数据处理 ··· 41
5.3　研究方法 ··· 44
5.3.1　面积误差分析 ··· 44
5.3.2　形状一致性分析 ·· 44
5.3.3　混淆矩阵 ··· 44
5.4　结果与分析 ·· 45
5.4.1　面积误差结果分析 ·· 45
5.4.2　形状一致性指数结果 ··· 47
5.4.3　混淆矩阵结果 ··· 48
5.4.4　误差原因分析 ··· 49
5.5　结论 ·· 51

第 6 章　基于景观形状的地表覆盖遥感产品精度验证方法 ··············· 52
6.1　地表覆盖遥感产品精度评定总体流程 ·· 52
6.2　顾及景观形状的地表覆盖精度评定方法设计 ······································ 52
6.2.1　样本量确定 ·· 53
6.2.2　计算各层单位形状指数 ·· 54
6.2.3　计算每层样本量 ·· 54
6.2.4　样本布设 ··· 54
6.2.5　样本一致性检验 ·· 55

6.3　基于景观形状指数的产品验证方法实证及分析 ················ 55
　　6.3.1　样本量计算 ···························· 55
　　6.3.2　顾及景观形状的精度评定方法 ·················· 56
6.4　基于分层随机抽样的精度评定方法 ················· 68
6.5　实地数据采集 ·························· 72
　　6.5.1　江西省北线实地采集工作 ··················· 73
　　6.5.2　江西省南线实地采集工作 ··················· 74
　　6.5.3　结论 ····························· 76
6.6　精度评定结果及分析 ······················ 78

第7章　顾及空间异质性的样本量估算模型设计及实例 ·········· 83
7.1　研究区、数据及数据处理 ···················· 83
　　7.1.1　研究区 ···························· 83
　　7.1.2　实验数据 ··························· 83
　　7.1.3　数据预处理 ·························· 85
7.2　顾及空间异质性的样本量估算模型设计 ············· 87
　　7.2.1　模型参数确定 ························· 88
　　7.2.2　回归分析 ··························· 94
　　7.2.3　模型验证 ··························· 98
7.3　顾及地表空间异质性样本量估算模型实例验证 ·········· 100
　　7.3.1　样本量估算结果评定 ····················· 100
　　7.3.2　讨论与分析 ·························· 104

参考文献 ······························· 112

第1章 绪 论

1.1 研究背景

地表覆盖及其变化信息是全球环境变化、可持续发展、国土资源管理、水文建模以及风险分析等领域不可或缺的重要基础信息（徐冠华等，2013；Duveiller et al.，2020）。而遥感技术则是大范围地表覆盖测定及动态变化监测的唯一有效手段（廖安平等，2015；Stehman et al.，2000）。随着遥感技术的持续稳定发展，目前在世界范围内空间分辨率为1km、500m、300m、250m、100m、30m、25m、12m、10m 等的全球地表覆盖遥感产品已达 20 余套（陈军等，2014；Zhang et al.，2020）。由于产品的免费开放特性以及社会对大数据的需求，各类地表覆盖产品得到了社会各界的广泛关注，已经应用于研究粮食安全（Lark et al.，2015）、碳循环（Gaveau et al.，2013）、生物多样性损失评估（Newbold et al.，2015）、人口迁移（Linard et al.，2010）以及其他地球系统过程中的重要环节。

在各类地表覆盖产品的应用中，产品本身的质量优劣无疑是重点关注的问题之一。很多学者利用模拟数据、相对误差、地面验证数据等对地表覆盖产品在相关应用中的误差传播进行了探讨（Tuanmu，Jetz，2014）。其中，Estes（2017）综合评估了空间分辨率从1km 到 100m 共四种地表覆盖产品的误差对农田分类以及相应的植被固碳、蒸发散、农作物产量以及粮食安全等研究的影响。结果表明，1km 及 100m 的地表覆盖产品对农田面积的估算较真实值分别降低了 45%和 15%，平均绝对误差分别为 50%和 20%。而相应的分析结果则被无限地放大或缩小，如植被固碳能力的误差比输入数据的误差增大了 200%~500%，但是对于稀疏分布的农田，其固碳能力的误差则比输入数据的误差缩小了 40%。此外，通过修正 IGBP DISCover 全球产品中湿地的分类错误，并与未调整之前的湿地进行比对，得出由产品估算得到的生态系统服务价值从每年的 1.92 万亿美元提高到 2.79 万亿美元的结论；同时利用误差修正后的美国 2006 年的 NLCD 全国地表覆盖产品，与误差未修正前进行比较，其生态系统服务价值的评估值从每年的 11180 亿美元降低到 6000 亿美元（Foody，2015）。综上所述，地表覆盖产品精度的重要性可见一斑。

精度验证通过将样本点所对应的地表覆盖产品所确定的类型与地面真实的地表覆盖类型进行对比，实现对产品精度信息的量测（Stehman et al.，2000）。实施精度验证主要包括三项内容，即抽样设计、响应设计、分析（Stehman，Czaplewski，1998）。抽样设计主要是设计抽样算法以选定样本，源于概率统计抽样的无偏估计特性，理想的抽样方法是从总体的地表覆盖产品中进行概率统计抽样（Stehman，Foody，2019）。而样本单元可以是点或面，其选定要依据所验证数据的投影信息、景观特性、产品特征以及所面临的实际状

1

况等。响应设计是获取样本点真实的地表覆盖类型标签的方法，可以是地面实际观测，也可以基于更高分辨率的影像进行目视解译。分析则是计算各类精度量测信息，目前主流的方法依然是通过构建误差矩阵进而计算总体精度、用户精度和制图精度（Stehman，Foody，2019）。

1.2　地表覆盖遥感产品概述

地表覆盖是地球表面各种物质类型及其自然属性与特征的综合体，是描述地球表面生态系统结构及其生态过程的关键因子，是环境变化等研究的基石。地表覆盖的变化是由自然（近地表气候、地貌、表层地质、水文、土壤、动植物等）以及过去和现在人类活动的相互作用而形成的。在土地资源和土地可持续利用的管理和规划中，我们需要系统地认知地表覆盖的时空变化。地表覆盖变化状况是工农业生产、生态环境评价、地理国情评估、可持续发展战略等领域不可或缺的重要基础信息。人类通过对与土地有关的自然资源的利用活动，改变地球陆地表面的覆被状况，其环境影响范围不只局限于当地，而远至于全球，如土地退化、气候变化等。自然资源管理和可持续发展政策的制定均离不开地表覆盖时空变化分析和知识挖掘，随着空间对地观测技术的长足发展，利用卫星遥感观测已经成为获取全球地表覆盖时空变化数据的重要手段。

地表覆盖数据最初主要根据 NOAA 卫星的 AVHRR 数据生产而成，分辨率为 1km，主要满足全球气候变化研究；20 世纪 90 年代以来，为了满足地球系统模拟、气候变化研究等需求，美国和欧盟曾利用包括 NOAA/AVHRR、MODIS 在内的低空间分辨率（250m～1km）卫星遥感资料，研制了多套低分辨率全球地表覆盖数据产品。地球观测系统发射后，人们利用 MODIS 数据制作了 500m 分辨率的全球地表覆盖数据。低空间分辨率数据具有时空覆盖连续和定量化水平高的优势，用于生产宏观尺度地表覆盖动态信息具有不可替代的优势。

虽然国际上已经生产了多套地表覆盖数据，但是多数产品的空间分辨率与精度较低，只能应用于气候系统研究模型。在国内，2011 年清华大学利用 Landsat 数据生产了 30m 分辨率的 FROM-GLC 数据集；2014 年，研究人员成功研制 2000 年和 2010 年两期 30m 分辨率全球地表覆盖遥感制图数据产品（GlobeLand30），之后于 2020 年发布第三期产品（2020 年期）。这些产品的发布为全球生态系统评价等提供了最高分辨率的基础信息。GlobeLand30 是目前从数据、方法到质量控制验证较为全面的 1 套数据产品。中国科学院遥感与数字地球研究所在科技部重大研发计划支持下研发了全自动全球地表覆盖分类方法，通过建立全球光谱库（Global Spatial-temporal Spectral Library，SPECLib），利用多时相 Landsat 数据在中国区域完成 2015 年地表覆盖分类方法的测试，目前已经扩展处理生成了 2015 年和 2020 年两期全球地表覆盖数据（GLC_FCS30），经测试样本精度检验，其总体精度为 81%。

目前公开可下载的全球地表覆盖全要素和专题要素产品数据可达 20 多项，部分产品如表 1-1 所示。

表 1-1代表性的全球地表覆盖全要素和专题要素产品

产品名称	时间（年）	数据源	空间分辨率	生产机构	区域
IGBP_DISCover	1992—1993	AVHRR+NDVI	1km	IGBP+USGS	全球
UMD 数据集	1992—1993	Landsat MSS+AVHRR	1km	美国马里兰大学	全球
全球城市范围级（URB_MAP）	2001—2002	MODIS	500m	美国威斯康星大学麦迪逊分校	全球
MODIS 数据集	2001、2010	MODIS	500m	NASA	全球
GlobeCover	2005，2009	ENVISAT + MERIS _ FRS1B	300m	ESA	全球
大型国际重要湿地边界及遥感分类数据集	2001、2013	MODIS	250m	中国科学院遥感与数字地球研究所	全球
全球地表覆盖数据	2015	PROBE-V	100m	欧盟	全球
国家土地覆盖数据库（NLCD）	1992、2001、2006、2016、2019	Landsat	30m	USGS	美国
GlobeLand30	2000、2010、2020	Landsat HJ	30m	中国国家基础地理信息中心等	全球
FROM_GLC30	2010、2015、2017	Landsat	30m	中国清华大学等	全球
FROM_GLC10	2017	Sentinel	10m	中国清华大学等	全球
时间序列土地利用数据库	2000、2005、2010、2015	Landsat	30m	中国科学院遥感与数字地球研究所	中国
GLC_FCS30	2015、2020	Landsat	30m	中国科学院遥感与数字地球研究所	全球
全球城市足迹数据级（GUF）	2011	TerraSAR-X／TanDEM-X	12m	德国航空航天中心（DLR）	全球
世界人类居住点足迹2015（WSF-2015）	2015	Sentinel-1、Sentinel-2、Landsat	10m	德国航空航天中心（DLR）	全球

1.3　地表覆盖数据产品精度验证方法概述

　　遥感数据及其产品的精度评定可以追溯到 20 世纪 70 年代，经过近 50 年的发展，其理论体系相对成熟。遥感数据的精度评定结果不仅保证了产品质量，也为不同专业用户数据的选择提供了参考依据。地表覆盖数据产品精度评定作为遥感产品数据生产的重要一环，受到学术界、数据生产以及行业应用等诸多领域人员的关注和研究。地表覆盖数据产品精度验证方法按照抽取样本量的不同可分为全样本检验和抽样检验。全样本检验是抽取数据产品中所有要素进行精度评定，虽然该方法简单，避免了样本量确定和样本分配、布设等问题，但所有要素参与精度评定，会导致工作量增大且样本缺少代表性。相对而言，抽样检验方法从所有要素中按照不同的抽样方式选择一定比例的要素，在减少工作量的同时，保证样本选取的代表性，因此，该方法在精度评定中应用更广。

抽样检验是地表覆盖数据产品精度验证常采用的方法，为产品的质量管理提供可靠的信息，是质量控制的基本手段（Curran，Williamson，1986）。基于抽样检验方法进行地表覆盖数据产品精度验证，一般包括三个步骤：抽样设计，响应设计，分析。

1.3.1　抽样设计

抽样设计是基于一定的方法来选择空间子集以构成精度评定的基本单元。其中，在地表覆盖数据产品精度验证中，比较通用的抽样设计方法是概率抽样设计。概率抽样是在样本选择的过程中强调样本的随机性。常用的抽样设计主要有分层抽样、集群抽样以及简单随机和系统抽样等。分层抽样通常是根据地表覆盖产品的每一类地表覆盖类型进行样本的选取，可以实现对每一个地表覆盖类型的精度进行评定，分层设计允许为每个地表覆盖类型指定样本大小，以确保在产品中斑块相对较小的地表覆盖类型能够获得一定数量的样本，进而提高精度评定结果的可靠性。集群抽样是为了提高精度验证的效率，在一个或多个指定的基本评估单元进行采样。集群可以是一个 3×3 大小的像素块，也可以是包含 100 个 $1hm^2$ 评估单元的 1km×1km 的簇。在簇中，每一个空间单元作为一个整体包含在样本中，而在每个空间单元内则通过简单随机或系统采样的方式进行样本的采集。简单随机抽样是指在一定的空间范围内，通过产生随机点作为样本点的方式进行采样，而系统采样则是以相等的概率随机选择一个起点，然后在样本位置之间以固定的距离进行抽样。这两种方法通常用于集群采样内的空间单元采样或分层采样中的单个层中采样。

抽样设计方法的选择主要考虑的问题包括需要满足的精度目标以及需要优先考虑的抽样设计标准。精度目标多指总体精度、用户精度、制图精度以及每个地表覆盖类型的面积估计。而理想的抽样设计标准主要包括：抽样设计方法的优势、实施的简便性和实用性以及抽样的成本效益分析等。如何选择抽样设计需要依据不同的目标需求以及不同的地表覆盖产品而定，没有统一的标准可以参考。根据 Olofsson 等（2014）的研究，对于地表覆盖产品的精度验证而言，分层随机抽样可以满足基本精度评估目标和大多数理想的设计标准，是一种可推荐的抽样设计方法。在选定抽样方法的基础上，在抽样设计阶段需要根据选定的抽样方法进行样本量的估算、样本点的布设。

1.3.2　响应设计

响应设计主要包括空间单位的确定，参考数据的选取及其属性正确性标识，参考数据和分类产品的一致性定义等。

空间单元是指用于参考数据和分类产品进行比较的特定空间位置，可以是像素点、多边形或者像素块。关于究竟选择哪种空间单元，除了与待验证产品的空间分辨率有关外，与评估人员的已有经验以及工程预算等密切相关，没有可参考的标准。无论选择何种空间单元，响应设计的关键是必须保证空间单元具有清晰的特征以确保精度评定的正确性。在目前的地表覆盖数据产品精度验证的响应设计中，多采用像素点作为精度验证的评估单元。

参考数据的选取方式有很多，可以通过实地样本点踏勘，也可以是比地表覆盖遥感产品更高分辨率的卫星影像或航空数据等。此外，众源数据以及借助于数据挖掘技术得到的分析结果等也是许多地表覆盖遥感产品进行精度验证的参考数据源之一。在已有参考数据源基础上，需要对参考数据的地表覆盖真实属性进行标记。属性标记时需要考虑产品的最小上图单元以及地表覆盖类型的均一性特征。该过程在样点的空间位置、属性标记等方面会存在很大程度的不确定性。目前，高精度的 GPS 点位信息以及更高分辨率的遥感影像可以降低样点位置的误差，而真实的地表覆盖类别属性则是通过多个解译人员同时对样点参考数据的属性进行解译和标记，并经过讨论后保留对属性的正确性达成一致的参考数据样本点以进行后续的工作。

在选定的空间单元，当地表覆盖遥感产品和参考数据的类别信息确定后，需要定义二者的一致性规则。如果产品的属性和参考数据的标记一致，则表明该空间单元下，产品的分类结果正确。如果二者不一致，则需要约定在空间单元内，有多大比例的产品正确或错误才能最终确定产品分类的正确性。

1.3.3 分析

分析过程主要是对地表覆盖遥感产品的精度进行量测。构建误差矩阵以进行精度参数计算是目前通用的精度量测方法。误差矩阵是利用样本点所在处的产品数据和参考数据建立交叉表。误差矩阵的主对角线表征分类正确的样本点，而非对角线元素则与漏分和错分误差有关。通过所构建的误差矩阵可以计算待验证产品的总体精度、用户精度和制图精度以及 Kappa 系数等。

目前 30m 和 10m 空间分辨率的全球覆盖数据产品中，各地表覆盖类型的分类精度之间存在一定的差异性，例如，GlobeLand30 产品中灌木地的用户精度为 72%，而水体的用户精度则达 92%；FROM_GLC10 的总体精度为 72%。为了进一步提升全球地表覆盖遥感产品的精度以更好地满足多样化的行业需求，地表覆盖遥感制图已经逐步向自动化、高精度方向发展。

1.4 精度评定需要考虑的主要问题

在地表覆盖遥感产品的精度评定中，除了分析技术，还有很多需要注意的问题。如果这些因素不予考虑，则精度评定结果的参考价值有限。如在精度评定经常采用的误差矩阵中，其关键的假设是误差矩阵能够代表整个分类。如果矩阵生成得不正确，则所有的计算及分析结果将是没有意义的。因此，在实际的地表覆盖遥感产品精度评定中，必须考虑地面数据的收集、分类方案、空间自相关、样本量的大小以及分类方案等因素。每一个因素都为精度评定提供了非常必要的信息，如果其中任何一个因素没有顾及到，则可能导致整个评估结果出现严重缺陷。

1.4.1　地面数据采集

在精度验证中，为了充分评估遥感分类产品的准确性，准确的地面数据或参考数据的采集是必不可少的。但是，地面数据是否准确很难确定，同时需要花费多大的工作量来采集所需的数据也很模糊。产品分类体系的详尽程度在很大程度上决定了地面数据或参考数据采集的难易程度。例如，在一个简单的分类体系中，所需的地面数据只是为了能够区分住宅区和商业区，则这类数据的获取相对容易，仅需要实地调查即可得到正确的分类信息。相反，一个复杂的森林分类方案可能需要收集树木的种类、尺寸、高度以及树冠的郁闭度等信息，则这类数据获取的难度很大，即使实地测量，也很难保证地面数据的正确性。

由于参考数据是精度验证的先决条件，因此，无论是从产品的生产方的角度，还是从用户的角度，均需要假定某些参考数据集是正确的。尽管没有完全正确的参考数据，至少需要有充分的依据来确保参考数据的正确性要高于产品数据。比如，利用具有更高分辨率的航空影像或亚米级的高分辨率卫星影像，经过目视解译，可以作为具有较低分辨率遥感产品精度验证的参考数据。在此过程中，由于解译人员的解译错误会对产品精度造成很大的影响，进而会降低分类产品的精度。一般来说，为了最大限度地降低解译人员对地面点解译正确性的影响，在实际的精度检验工程项目中，需要多人同时对地面点的真实性进行解译，仅保留对地面点的真实性达成一致意见的地面点作为参考数据。此外，行业公认的、具有更高分辨率、更高精度的产品数据可以用来检验具有较低分辨率的遥感数据分类结果。

1.4.2　分类方案

在实施遥感产品的精度评定工作中，需要花大力气来研究产品的分类方案。有些遥感产品的分类方案继承于某些现有的分类体系，如 FAO 的 IGBP 分类方案，其分类具有明确的定义和标准。但是对于工程项目或合同约定的分类体系，则需要界定清楚各分类类别的定义及其范畴。无论采用何种分类方案，首先需要确保分类方案中各分类类别之间是互斥的，且需要穷尽所有的类别。这样才能保障分类产品中的每一个像素或图斑仅归属于其中的某一类分类类别。其次，对于任意一个像素或者区域，其地表覆盖类型均应该包含在分类体系中。最后，在设计分类方案时，最好构建一个分层的分类体系，这样可以通过合并更细的类别以得到概括性更高的分类类别，以方便用户选择。

分类方案的设计在整个地表覆盖遥感产品的生产中至关重要。在产品设计阶段，针对可获取的遥感数据的空间分辨率，产品覆盖的空间范围，下垫面特征以及潜在的行业应用等，需要反复斟酌分类方案设计的合理性，多思索可能遇到的问题以及理清各类别之间的逻辑关系。一个分类方案是否合理、可行，将直接影响最终遥感产品的成败。因此，我们需要广泛的资料收集、调研和专家咨询，高度重视分类方案的设计。

1.4.3 空间自相关

空间自相关是指物理或生态学变量在空间上的分布特征及其对领域的影响程度。在精度评定中，如果发现一个位置上出现的错误与其周边位置上的错误存在正相关或者负相关时，需要思考空间自相关的影响。尤其是对于空间均一性较高的地表覆盖类型，如农田、林地或者草地，发生空间自相关的可能性较高。由于空间自相关的存在，需要在样本量的估算以及抽样方案设计时，充分考虑空间自相关的影响。

1.4.4 样本量

样本量是遥感产品精度验证中需要重点考虑的问题之一，每一个样本点的选择及其地面真实性检验都需要足够仔细，因此在一个精度验证项目中，样本量要尽可能少。但同时，样本量亦需要达到一定的数量才能使得后续的统计分析有意义。

目前，样本量的估算更多的是从统计概率的角度出发，在误差允许的范围内，按照正确分类的样本的比例进行样本量的估算。统计方法得到的样本量用来计算产品的总体精度是可行的，但是将其用于构建误差矩阵还需要更多的样本量以考量类别之间的混淆特征。一般而言，在统计得到的样本量基础上，可以根据地表覆盖类型的重要性以及相互易于混淆的程度适当地增加或者减少类别的样本量。同时，对于空间上变异性小的地表覆盖，如水体，可以用较少的样本量；相反，对于空间上变化较大的地表覆盖，如城市内不同用途的建筑物，可以适当增加样本量。总之，在遥感产品精度评定项目中，既要考虑精度验证理论上所需的样本量，同时也要综合考虑时间、费用等工程实际。

此外，抽样方案的选择也是影响精度验证的重要因素，在1.3.1小节已经谈到该问题，这里不再赘述。总之，实施一项遥感产品的精度评定工作，需要有统计意义的同时，也要兼顾精度评定的具体工程实际。

1.5 本书结构

在本书的第1章绪论之后，于第2章概述精度验证的理论基础，侧重阐述基于统计理论的样本量估算、样本量分配以及精度验证方法；第3章重点介绍样本点真实性解译的方法，由于样本点的真实性解译与地面验证直接决定了产品精度验证的可靠性，因此如何确保样本点的正确性需要做大量的工作；第4章和第5章为基于GlobeLand30产品的精度验证案例，其中第4章为抽样测试和检验，第5章为产品的交叉验证；第6章和第7章为本研究团队在遥感产品精度验证方面所做的探究性工作，其中第6章通过引入景观边界指数来降低样本量密集或稀疏的问题，第7章重点介绍如何优化样本量的估算模型，以利用较少的样本量接近或达到传统样本量估算模型计算的精度。

第 2 章　遥感产品精度验证理论基础

精度评定通过将样本点所对应的检验数据产品的地表覆盖类型与地面真实的地表覆盖类型进行对比，实现对产品精度信息的量测（Stehman et al.，2000）。实施精度验证主要包括三项内容，即抽样设计、响应设计、分析（Stehman，Czaplewski，1998）。抽样设计主要是设计抽样算法以选定样本，源于概率统计抽样的无偏估计特性。理想的抽样方法是从总体的地表覆盖产品中进行概率统计抽样（Stehman，Foody，2019），样本单元可以是点或面，需依据所验证数据的投影信息、景观特性、产品特征以及所面临的实际状况等来综合确定样本单元。响应设计是获取样本点真实的地表覆盖类型标签，可以是地面实际观测，也可以基于更高分辨率的影像进行目视解译。分析则是计算各类精度量测信息，目前主流的方法依然是通过构建误差矩阵进而计算总体精度、用户精度和制图精度（Stehman，Foody，2019）。

由于遥感产品的精度检验中常用的抽样方案为分层随机抽样。本章主要介绍基于分层抽样进行遥感产品精度检验，其主要流程概括为：样本量估算，样本点分配、布设及精度评定方法的选择（图 2-1）。

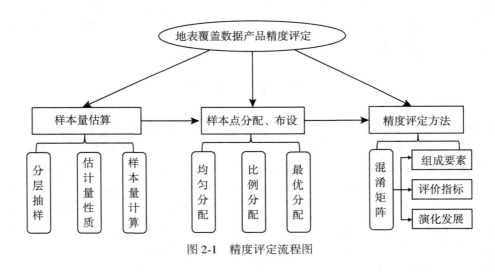

图 2-1　精度评定流程图

2.1　样本量估算

样本量估算是精度评定中的关键环节，如何在理论的样本量与具体项目的人力、财力和物力的预算之间达到平衡是需要重点考虑的问题。目前，在遥感分类结果及地表覆盖遥感产品的精度评定中，主要的样本量估算方法有经验数值法、固定网格法和概率统计模型法三种。本节将主要阐述基于概率统计模型进行样本量估算的理论基础。

概率统计理论很早就应用于工业化产品的质量检查，但确定的样本数量具有随机性、不定性、重复性。一般情况下，完成一项工业化产品的质量检验需要花费大量的时间、人力、物力。随着新型技术如航空航天、卫星遥感、GIS 等的高速发展，产生了各种连续的空间数据产品，为了保证产品质量，在投入使用前对其进行精度验证是必不可少的。因此，不同学者（王振华等，2010；Tong et al.，2011）对传统工业化产品质量检验样本量估算方法进行改进，形成具有逻辑性和科学性的概率统计模型，产生空间数据精度验证中具有确定性、客观性的样本数量。

根据抽样方式，概率统计模型样本量估算公式分为简单随机抽样和分层抽样（Olofsson et al.，2011）。地表覆盖产品作为遥感分类结果数据，具有多个类别，且每一类别相互独立，可看作单独的层，在精度验证中，选择分层抽样方法获取样本更适合（Olofsson et al.，2014）。因此，本章将着力介绍分层抽样的概率统计样本量估算模型。

2.1.1 分层抽样符号定义

将总体为 N 的单元划分成 L 个互不重复的子总体，每个子总体又称为层，层中各单元的大小分别为 N_1，N_2，$\cdots$，N_L。分层抽样是在每个层（或子总体）中分别独立抽取样本，每一层的抽样数为 n_1，n_2，$\cdots$，n_L，总抽样数为 n。从而，分层随机抽样中所有层的组合是总体，所有层内样本的组合是总样本，即 $N_1+N_2+\cdots+N_L=N$，$n_1+n_2+\cdots+n_L=n$。

分层随机抽样作为一种抽样技术，它考虑到不同层中抽样设计方法的选择和样本量的分配，具有了解总体内不同层的样本布设情况的优势。如果每个层都是独立按照简单随机方式抽取样本，这时，分层抽样被称为分层随机抽样，这种抽样方式也是分层抽样中最普遍、最简单的抽样设计方法。

分层抽样的符号定义和性质是推导样本量估算的概率统计模型的基础。结合分层抽样的定义，表 2-1 列举了其中一些最基本的符号及其含义，并基于这些内容完成样本量估算模型的理论推导。

表 2-1 分层抽样符号定义

定 义	符 号
单层单元数	N_h
单层样本量	n_h
第 i 个单位值	y_{hi}
层权重	$W_h = \dfrac{N_h}{N}$

续表

定　义	符　号
单层抽样比例	$f_h = \dfrac{n_h}{N}$
总体均值	$\bar{Y} = \dfrac{\sum\limits_{h=1}^{L} \sum\limits_{i=1}^{N_h} y_{hi}}{N} = \dfrac{\sum\limits_{h=1}^{L} N_h \bar{Y}_h}{N}$
均值	$\bar{Y}_h = \dfrac{\sum\limits_{i=1}^{N_h} y_{hi}}{N_h}$
样本均值	$\bar{y}_h = \dfrac{\sum\limits_{i=1}^{n_h} y_{hi}}{n_h}$
方差	$S_h^2 = \dfrac{\sum\limits_{i=1}^{N_h} (y_{hi} - \bar{Y}_h)^2}{N_h - 1}$

注：表中下标 h 代表层数，i 代表层中第 i 个单元。

2.1.2　估计量的性质

利用抽样检验方法对遥感产品进行精度评定，是通过样本的性质得到总体性质。概率统计中，样本所构造的用于估计总体性质的特殊统计量称为估计量，它是估计总体性质的重要参数。针对分层随机抽样，下面阐述总体均值、方差对应的估计量的计算公式和性质。

式（2-1）为样本均值构造的估计量 $\bar{y}_{st}$ 的数学表达式，可以看出，$\bar{y}_{st}$ 是层权重 W_h 与层均值估计量 $\bar{y}_h$ 的求和。

$$\bar{y}_{st} = \frac{\sum\limits_{h=1}^{L} N_h \bar{y}_h}{N} = \sum_{h=1}^{L} W_h \bar{y}_h \tag{2-1}$$

式中，N 代表总体单元，N_h 代表层单元（$h=1$，2，3，$\cdots$，L）；W_h 代表层权重；$\bar{y}_h$ 代表层样本均值估计量。

估计量 $\bar{y}_{st}$ 的主要性质包括：① $\bar{y}_{st}$ 对总体均值 $\bar{Y}$ 的无偏差性，假设在单个图层进行随机抽样，层样本均值估计量 $\bar{y}_h$ 是无偏差估计，结合式（2-1），$\bar{y}_{st}$ 的期望可以写为

$$E(\bar{y}_{st}) = E\left(\sum_{h=1}^{L} W_h \bar{y}_h \right) = \sum_{h=1}^{L} W_h \overline{Y}_h \tag{2-2}$$

再联系式（2-1），总体均值 $\bar{Y}$ 表述为

$$\bar{Y} = \frac{\sum\limits_{h=1}^{L} \sum\limits_{i=1}^{N_h} y_{hi}}{N} = \frac{\sum\limits_{h=1}^{L} N_h \bar{Y}_h}{N} = \sum\limits_{h=1}^{L} W_h \bar{Y}_h \tag{2-3}$$

式中，y_{hi} 表示第 h 层的第 i 个单元；$\bar{y}_h$ 表示第 h 层的均值。

显然，$E(\bar{y}_{st}) = \bar{Y}$ 是成立的，所以 $\bar{y}_{st}$ 是 $\bar{Y}$ 的无偏估计。

在不同图层独立抽取样本的前提下，$\bar{y}_{st} = \sum\limits_{h=1}^{L} W_h \bar{y}_h$ 成立，即 $\bar{y}_{st}$ 看作 $\bar{y}_h$ 的线性函数，且系数为固定的层权重 W_h，引用线性函数方差公式，获取 $\bar{y}_{st}$ 的方差为

$$V(\bar{y}_{st}) = \sum\limits_{h=1}^{L} W_h^2 V(\bar{y}_h) + 2 \sum\limits_{h=1}^{L} \sum\limits_{j>h}^{L} W_h W_j \mathrm{Cov}(\bar{y}_h \bar{y}_j) \tag{2-4}$$

由于样本在不同层相互独立抽取，式（2-4）所有协方差项都会消失，所以我们可以得到：

$$V(\bar{y}_{st}) = V\left(\sum\limits_{h=1}^{L} W_h \bar{y}_h \right) = \sum\limits_{h=1}^{L} W_h^2 V(\bar{y}_h) \tag{2-5}$$

式中，$V(\bar{y}_h)$ 是 $\bar{y}_h$ 在 h 层的样本方差。

根据式(2-3)和式(2-5)，如果 $\bar{y}_h$ 是 $\bar{Y}_h$ 的无偏估计成立，且每个图层样本抽取是相互独立的，那么 $\bar{y}_{st}$ 是 $\bar{Y}$ 的无偏估计，且方差为 $\sum W_h^2 V(\bar{y}_h)$。

因为 $\bar{y}_h$ 是 $\bar{Y}_h$ 的无偏估计，进一步可以得到单个图层的方差公式为

$$V(\bar{y}_h) = \frac{S_h^2}{n_h} \frac{N_h - n_h}{N_h} \tag{2-6}$$

用式(2-6)对式(2-5)中的 $V(\bar{y}_h)$ 进行替换，可得到 $\bar{y}_{st}$ 的方差公式为

$$V(\bar{y}_{st}) = \frac{1}{N^2} \sum\limits_{h=1}^{L} N_h(N_h - n_h) \frac{S_h^2}{n_h} = \sum\limits_{h=1}^{L} W_h^2 \frac{S_h^2}{n_h}(1 - f_h) \tag{2-7}$$

式(2-7)表述了分层简单抽样中样本均值估算量 $\bar{y}_{st}$ 的方差 $V(\bar{y}_{st})$ 的一般公式，除此之外，式(2-7)还有一些特殊的表达形式。

（1）如果所有图层中抽样比例 n_h/N_h 忽略不计，即样本量 n_h 相较于总体 N_h 很小，则式(2-7)可以写为

$$V(\bar{y}_{st}) = \frac{1}{N^2} \sum \frac{N_h^2 S_h^2}{n_h} = \sum \frac{W_h^2 S_h^2}{n_h} \tag{2-8}$$

（2）如果样本按比例分配，即每层样本比例与其总单元比例相等，用 $n_h = \dfrac{n N_h}{N}$ 代替式(2-7)中的 n_h，方差 $V(\bar{y}_{st})$ 变为

$$V(\bar{y}_{st}) = \sum \frac{N_h}{N} \frac{S_h^2}{n} \left(\frac{N-n}{N} \right) = \frac{1-f_h}{n} \sum W_h S_h^2 \tag{2-9}$$

（3）如果样本按比例分配，且所有图层方差相同，为 S_w^2，则式(2-7)变为

$$V(\bar{y}_{st}) = \frac{S_w^2}{n} \left(\frac{N-n}{N} \right) \tag{2-10}$$

11

以上是分层随机抽样中，样本分配不同导致 $\bar{y}_{st}$ 方差公式变化的情况。在实际问题中，可以根据情况选择不同的方差 $V(\bar{y}_{st})$ 计算公式。

基于以上内容，$\bar{y}_{st}$ 表示样本均值估计量，$\hat{y}_{st} = N\bar{y}_{st}$ 表示样本总数估计量，因为 $\bar{y}_{st}$ 是总体均值 $\bar{Y}$ 的无偏估计，则 $V(\bar{Y}_{st})$ 是总体总数 Y 的无偏估计，即

$$V(\bar{Y}_{st}) = \sum N_h(N_h - n_h)\frac{S_h^2}{n_h} \tag{2-11}$$

以上内容是总体值或均值的估计量，在分层随机抽样中，设定各个图层抽取样本是在相互独立的前提下，再结合表 2-1 中 S_h^2 的表达公式，则其无偏估计为

$$E(S_h^2) = E\left[\frac{1}{n_h - 1}\sum_{i=1}^{n_h}(y_{hi} - \bar{y}_h)^2\right] = S^2 \tag{2-12}$$

因此，分层随机抽样中方差 $V(\bar{y}_{st})$ 的无偏估计 $v(\bar{y}_{st})$ 为

$$v(\bar{y}_{st}) = S^2(\bar{y}_{st}) = \frac{1}{N^2}\sum_{h=1}^{L}N_h(N_h - n_h)\frac{S_h^2}{n_h} \tag{2-13}$$

从而，

$$E[v(\bar{y}_{st})] = E\left[\frac{1}{N^2}\sum_{h=1}^{L}N_h(N_h - n_h)\frac{S_h^2}{n_h}\right] = \frac{1}{N^2}\sum_{h=1}^{L}N_h(N_h - n_h)\frac{1}{n_h}E(S_h^2) \tag{2-14}$$

结合式(2-12)，式(2-14)变为

$$E[v(\bar{y}_{st})] = \frac{1}{N^2}\sum_{h=1}^{L}N_h(N_h - n_h)\frac{S_h^2}{n_h} = V(\bar{y}_{st}) \tag{2-15}$$

2.1.3　样本量计算

分层随机抽样中，总样本量 n 既依赖于对估计量的精度要求，也受项目总费用的约束。其中，估计量的精度分为对总体参数估计量的精度和对各层参数估计量的精度。考虑到各层参数估计量的精度必须先对每层确定样本量，因此，在总样本量估算中讨论的精度一般都是对总体参数估计量的精度 $V(\bar{y}_{st})$ 而言。一般，总费用用线性成本函数表示：

$$\text{cost} = C = c_o + \sum c_h n_h \tag{2-16}$$

式中，c_o 表示间接成本；c_h 表示每层的费用成本；n_h 表示每层的样本数。

根据式(2-16)我们发现，成本与样本大小成正比，样本越大，所需成本越高。此外，每层都有自己的费用成本 c_h。

通常，层样本 n_h 的值由采样器确定。因采样器的选择可以使固定成本的 $V(\bar{y}_{st})$ 最小化，选择 n_h，无论在 V 给定的情况下使 C 最小，或在 C 给定的情况下使 V 最小，都等价于最小化 $V'C'$，根据式(2-7)和式(2-16)得表达式：

$$V'C' = \left(V + \sum_{h=1}^{L}\frac{W_h^2 S_h^2}{N_h}\right)(C - c_o) = \left(\sum_{h=1}^{L}\frac{W_h^2 S_h^2}{n_h}\right)\left(\sum_{h=1}^{L}c_h n_h\right) \tag{2-17}$$

利用柯西-施瓦兹不等式将式(2-17)最小化，首先假设 a_h，b_h 是两组 L 正数，则由 a_h，b_h 组成的不等式变为恒等式，即

$$\left(\sum a_h^2\right)\left(\sum b_h^2\right) - \left(\sum a_h b_h\right)^2 = \sum_i \sum_{j>i}\left(a_i b_j - a_j b_i\right)^2 \tag{2-18}$$

因此，

$$\left(\sum a_h^2\right)\left(\sum b_h^2\right) \geqslant \left(\sum a_h b_h\right)^2 \tag{2-19}$$

在式(2-19)中，当且仅当所有图层 b_h/a_h 为常数时等号成立，应用于式(2-17)，a_h，b_h 分别为

$$a_h = \frac{W_h S_h}{\sqrt{n_h}}, \quad b_h = \sqrt{c_h n_h}, \quad a_h b_h = W_h S_h \sqrt{c_h} \tag{2-20}$$

则式(2-19)变为不等式：

$$V'C' = \left(\sum \frac{W_h^2 S_h^2}{n_h}\right)\left(\sum c_h n_h\right) = \left(\sum a_h^2\right)\left(\sum b_h^2\right) \geqslant \left(\sum W_h S_h \sqrt{c_h}\right)^2 \tag{2-21}$$

当式(2-21)等式成立时，可得到 $V'C'$ 最小值为 $\left(\sum W_h S_h \sqrt{c_h}\right)$，从而可得到层样本量 n_h 和总样本量 n，

$$n_h = \frac{k W_h S_h}{\sqrt{c_h}}, \quad n = \sum_{h=1}^{L} n_h = k \sum_{h=1}^{L} \frac{W_h S_h}{\sqrt{c_h}} \tag{2-22}$$

所以，层样本量 n_h 与总样本量 n 之间的关系表述如下，

$$\frac{n_h}{n} = \frac{\dfrac{W_h S_h}{\sqrt{c_h}}}{\sum \dfrac{W_h S_h}{\sqrt{c_h}}} = \frac{\dfrac{N_h S_h}{\sqrt{c_h}}}{\sum \dfrac{N_h S_h}{\sqrt{c_h}}} = W_h \tag{2-23}$$

方程式(2-23)给出了 n 与 n_h 之间的关系式，为了获取 n 的具体计算公式，还需要对式(2-23)做进一步的处理。n 计算公式的确定有两种选择，一种是成本 C 固定，另一种是方差 $V(\bar{y}_{st})$ 固定。这里主要考虑在 V 固定的情形下得到的样本量计算公式。因此，如果 V 是固定的，由式(2-23)得 W_h，并代入 $V(\bar{y}_{st})$ 的式(2-7)。最终样本量 n 的计算公式：

$$n = \frac{\sum\left(W_h S_h \sqrt{c_h}\right)\sum \dfrac{W_h S_h}{\sqrt{c_h}}}{V + \dfrac{1}{N}\sum W_h S_h^2} \tag{2-24}$$

式中，$W_h = N_h/N$，表示层权重。

一种特殊的情况，当每层的抽样费用 c_h 相同时，分层随机抽样样本量计算公式即分层抽样概率统计模型变为

$$n = \frac{\left(\sum W_h S_h\right)^2}{V(\bar{y}_{st}) + \dfrac{1}{N}\sum W_h S_h^2} \tag{2-25}$$

式(2-25)在遥感产品精度评定中经常被使用，式中的符号也具有特定的含义，$V(\bar{y}_{st})$ 表示估计总体精度的标准误差，一般指定为 0.01；W_h 表示分层权重(通常为类别 i 占总体

13

的面积比例）；$S_h = \sqrt{p_h(1 - p_h)}$（Olofsson et al.，2013），$S_h$ 表示第 h 层的标准差，p_h 为用户精度，取值含义为数据产品期望达到的精度值，其中 p_h 值选择全样本用户精度。

综上，我们阐述了分层随机抽样概率统计模型的推导，方便用户在使用公式前更好地了解模型的由来和参数信息。根据式（2-25）我们发现，该公式涉及数据产品的精度、权重等，为科学地获取样本大小提供方便的同时，计算结果更具说服力。

2.2　样本分配

分层随机抽样设计的一个重要特点是层样本的分配，不同的层样本分配方法产生不同的精度评定结果。目前，主要的方法有随机分配、比例分配和最优分配，如表 2-2 所示。

（1）随机分配：把样本点随机地分配到不同的类别。该方法操作简单，容易实施。随机分配对所有类别同等对待，没有考虑类别的优先级或重要性。同时，随机分配也没有考虑面积比例对不同类别在空间分布中的影响，通常面积比例大的类别，空间分布连续、集中，所需样本量可以相应减少；面积比例小的类别，分布离散，破碎度高，分配样本量应该增加。

（2）比例分配：按照类别的权重进行样本的分配。面积权重作为一种判断类别优先级的标准，经常被选择使用。选择面积权重作为层间样本分配的条件时，一般面积比例大的类别优先级别高，分配的样本更多。因此，比例分配在分配样本时注重优先级高的类别，削弱次要类别的影响，且结果分析简单。虽然比例分配考虑到类别的优先级，但这对于优先级特别低的类别仍然存在不足。近年来，针对比例分配的缺点，陈斐等（2016）对面积权重因子进行了不同的改进，如添加类别的空间异质性信息，期望所有类别都可以分配到样本。

（3）最优分配：在规定的费用下使估计量的方差最小的分配方式。最优分配作为最公正的分配方法，在考虑类别权重的同时，还考虑类别的精度信息。因此，最优样本量分配方法与前两种方法相比更有优势，提高数据产品中小类别的样本分配比例。

表 2-2　　　　　　　　　　　　　　　样本分配方法对比表

样本分配方法	定义	优点	缺点
随机分配	样本点随机分配到不同类别	容易理解和实施，操作简单	没有考虑类别的优先级
比例分配	按照类别的权重进行样本的分配	分析简单，考虑类别的权重信息	权重指标单一，实际效用有限
最优分配	在规定的费用下使估计量的方差最小	公正，考虑类别的权重信息	估计量较多，确定分配困难

除样本分配外，样本布设也受到越来越多学者的关注，在样本布设时更多地考虑地理要素的空间分布和空间关系。例如，陈斐等（2016）在样本点布设时顾及数据产品的景

观形状信息，关注同一地表覆盖类型不同景观形状复杂度区域的样本布设；孟雯等（2015）根据空间相关性指数——Moran's I 逐层进行样本点的布设，以提高样本的代表性和精度评估结果的可靠性；刘梦等（2016）提出了一种着重考虑边界区域样本布设的方法，经理论推导及实验结果表明该方法能够以更少的样本获取更高的评定结果和稳定性。

2.3　精度评定方法

精度评定方法以定量的形式展示产品的精度评定结果，也是产品质量信息最直观的表达。混淆矩阵作为最经典的精度评定方法，通过用户精度、制图精度及总体精度等指标描述样本标签与参考数据在空间位置和属性信息上的一致性。下面主要介绍混淆矩阵的一般形式及分层抽样中面积加权混淆矩阵。

2.3.1　混淆矩阵

混淆矩阵是一个简单的类标签交叉表，它为组织和总结检验数据与参考数据之间的一致性提供了有效的基础信息。如表 2-3 所示，混淆矩阵一般由 n 行 n 列组成，N 表示总元素，k 表示类别数，N_{ij} 表示属于第 i 类检验数据和第 j 类参考数据的元素，N_{+j} 表示第 j 类参考数据的元素和，N_{i+} 表示第 i 类检验数据的元素和。矩阵中行表示检验数据，列表示参考数据，有时人们喜欢把行和列反转过来，但不影响混淆矩阵的信息表达。此外，混淆矩阵对角线元素（N_{11}，N_{22}，N_{33}，…，N_{kk}）表示检验数据和参考数据一致性相同的区域，为用户提供正确的分类信息，非对角线元素表示两者一致性不同的区域。

表 2-3　　　　　　　　　　　　　　　混　淆　矩　阵

检验数据		参 考 数 据					
		类 1	类 2	类 3	…	类 k	总计
	类 1	N_{11}	N_{12}	N_{13}	…	N_{1k}	N_{1+}
	类 2	N_{21}	N_{22}	N_{23}	…	N_{2k}	N_{2+}
	类 3	N_{31}	N_{32}	N_{33}	…	N_{3k}	N_{3+}
	⋮	⋮	⋮	⋮	⋮	⋮	⋮
	类 k	N_{k1}	N_{k2}	N_{k3}	…	N_{kk}	N_{k+}
	总计	N_{+1}	N_{+2}	N_{+3}	…	N_{+k}	N

由 k 类混淆矩阵导出的一组典型的精度指标，包括用户精度、制图精度、总体精度及 Kappa 系数，这些参数的含义和表述如下。

（1）总体精度（Overall Accuracy，OA）：

$$OA = \frac{\sum\limits_{i=1}^{k} N_{ii}}{N} \qquad (2\text{-}26)$$

总体精度是对角线元素之和与总元素的比值，该指标衡量检验数据总体正确分类的比例，是一个比较粗略的评估参数，模糊了某一特定类别正确分类的信息，不如用户精度或制图精度更具有针对性。

（2）用户精度（User Accuracy，UA）：

$$UA = \frac{N_{ii}}{N_{i+}} \qquad (2\text{-}27)$$

以第 i 类为例，用户精度是正确分类的元素与检验数据第 i 类总元素之比，表示第 i 类元素正确分为检验数据的比值。用户精度数值越大，说明该类别分类结果越好，且对应的检验数据和参考数据的一致性越高。利用用户精度可以直接获取某一类别在检验数据中的分类结果，因此，是一个重要的指标参考。

（3）制图精度（Producer Accuracy，PA）：

$$PA = \frac{N_{ii}}{N_{+i}} \qquad (2\text{-}28)$$

同样以第 i 类为例，制图精度是正确分类的元素与参考数据第 i 类总元素之比，与用户精度不同，制图精度强调第 i 类元素正确分类到真实参考数据的比例。通常，同时使用用户精度和制图精度来评估特定类别分别在检验数据和参考数据正确分类的情况。

（4）Kappa 系数：

$$Kappa = \frac{N \sum\limits_{i=1}^{n} N_{ii} - \sum\limits_{i=1}^{n} (N_{i+} N_{+i})}{N^2 - \sum\limits_{i=1}^{n} N_{i+} N_{+i}} \qquad (2\text{-}29)$$

Kappa 系数是检验分类结果一致性的重要指标，与总体精度评定各个类别元素正确分类在数量上的一致性不同，Kappa 系数考虑两种一致性，即实际一致性和非随机一致性，其结果更严谨。Kappa 系数取值范围为 $-1 \sim 1$，通常情况下只考虑 $0 \sim 1$，在这个区间范围内，系数的数值越高，说明分类结果的一致性越好，分类精度越高。

2.3.2　面积加权混淆矩阵

利用分层抽样进行精度评定，每个类别的样本数与类别面积不一定成比例。考虑到样本数与面积比例不足的问题，在精度指标计算时，对类别样本进行面积加权，实现分层抽样混淆矩阵的调整。

表 2-4 是新的混淆矩阵表，行和列分别记录检验数据和参考数据的样本数，n_{ij} 表示在检验数据中属于第 i 类，在参考数据中属于第 j 类的样本。该混淆矩阵利用样本信息估算总体的参数或性质，精度计算指标中含有面积权重的无偏估计 $\hat{p}_{ij}$ 被加入，其公式如式（2-30）所示。

表 2-4 面积加权混淆矩阵

检验数据		参 考 数 据					
		类 1	类 2	类 3	⋯	类 k	总计
	类 1	n_{11}	n_{12}	n_{13}	⋯	n_{1k}	n_{1+}
	类 2	n_{21}	n_{22}	n_{23}	⋯	n_{2k}	n_{2+}
	类 3	n_{31}	n_{32}	n_{33}	⋯	n_{3k}	n_{3+}
	⋮	⋮	⋮	⋮	⋮	⋮	⋮
	类 k	n_{k1}	n_{k2}	n_{k3}	⋯	n_{kk}	n_{k+}
	总计	n_{+1}	n_{+2}	n_{+3}	⋯	n_{+k}	n

$$\hat{p}_{ij} = W_i \frac{n_{ij}}{n_{i+}} \tag{2-30}$$

式中，W_i 表示第 i 类的面积比例。

基于式（2-30），混淆矩阵精度评定指标，如总体精度、用户精度和制图精度等的具体表达如式（2-31）、式（3-32）和式（2-33）所示。虽然指标表达发生变化，但含义不变。

（1）总体精度（OA）：

$$OA = \sum_{i=1}^{k} \hat{p}_{ii} = \sum_{i=1}^{k} W_i \frac{n_{ii}}{n_{i+}} \tag{2-31}$$

（2）用户精度（UA）：

$$UA = \frac{\hat{p}_{ii}}{\hat{p}_{i+}} \tag{2-32}$$

式中，$\hat{p}_{i+} = \sum_{j=1}^{k} \hat{p}_{ij}$ 是检验数据中第 i 类的估计面积比例。

（3）制图精度（PA）：

$$PA = \frac{\hat{p}_{jj}}{\hat{p}_{+j}} \tag{2-33}$$

式中，$\hat{p}_{+j} = \sum_{j=1}^{k} \hat{p}_{ij}$ 是参考数据中第 j 类的估计面积比例。

此外，基于面积加权混淆矩阵还可以得到总体精度、用户精度、制图精度的方差及 **Kappa** 系数等指标。该混淆矩阵精度计算指标含有类别的面积权重信息，因此，在遥感数据面积变化评估中非常适用。未来随着数据产品精度评定要求的提高，为了更好地满足用户，混淆矩阵会得到进一步的改进和发展。

第3章 样点真实性解译及实地验证

3.1 研 究 区

本书研究的地表覆盖遥感产品精度验证所涉及的区域大部分位于江西省（图3-1）。江西省是我国著名的"江南西道"，位于长江中下游，其地形以山地、丘陵为主，境内地势由南向北、由外向里倾斜。同时江西省属亚热带温暖湿润季风气候，温和多雨，但是降水季节分配不均。江西省优越的水热条件使得其森林资源丰富，森林覆盖率达到60%以上，为全国之首。

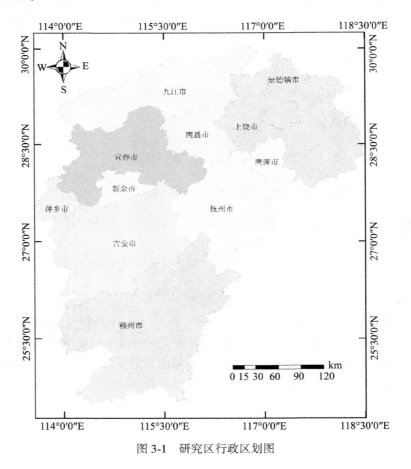

图3-1　研究区行政区划图

地貌和气候的特殊性使得江西省的地表覆盖类型较为丰富，在 GlobeLand30 的 10 种地表覆盖类型中，江西省包括 8 种类型。另外，受自然条件和人类活动的双重影响，使得江西省的土地利用格局存在明显的空间差异，部分地表覆盖类型分布零散，其地物斑块较为破碎。因此，以江西省为例进行高分辨率地表覆盖遥感产品精度评定方法研究，具有一定的代表性。

3.2　数据及数据处理

3.2.1　测试数据

本研究测试产品数据主要为 2010 年基准年的江西省 30m 分辨率地表覆盖遥感制图数据产品（GlobeLand30），该产品是科技部在 2010 年启动的"全球地表覆盖遥感制图与关键技术研究"重点科研项目。该项目由国家基础地理信息中心牵头，于 2014 年成功研制 2000 年和 2010 年两期 30m 分辨率全球地表覆盖遥感制图数据产品，本研究选取 2010 年数据进行研究（图 3-2）。

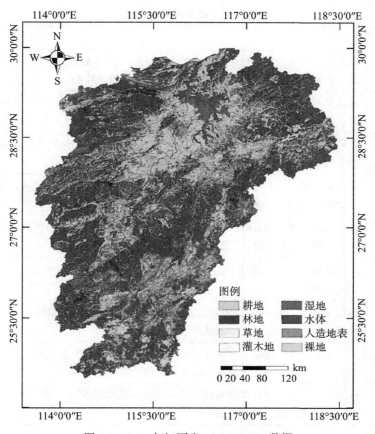

图 3-2　2010 年江西省 GlobeLand30 数据

GlobeLand30 数据在研制过程中所使用的遥感影像主要是中国环境减灾卫星（HJ-1）多光谱遥感影像和美国国家航空航天局（NASA）的陆地资源卫星（Landsat）TM/ETM+多光谱遥感影像。除分类影像外，在 GlobeLand30 的研制过程中还参考了大量辅助数据和参考资料，如已有的地表覆盖数据、MODIS 数据集中的 NDVI 数据、全球的 DEM 数据、各种专题数据和多种在线高分辨率影像等。其中已有地表覆盖数据包括全球地表覆盖数据和区域地表覆盖数据，前者包括 IGBP-DISCover 数据集（美国地质勘探局）、UMD GeoCover 数据集（美国马里兰大学）、BU_MODIS 数据集（美国波士顿大学）、GLC2000 数据集（欧盟联合研究中心）、GlobCover2005 和 GlobCover2009（欧洲太空局）等；后者包括中国 1∶10 万土地利用数据、美国土地覆盖数据集（ULCD）、加拿大 1∶25 万地表覆盖数据（Circa2000）、欧洲地表覆盖数据（CORINE Land Cover2000）和澳大利亚地表覆盖数据（DLCD）。

GlobeLand30 数据覆盖范围为全球 80°S—80°N 的陆地地区，其地表覆盖类型包括耕地、草地等 10 种地表覆盖类型（具体类型及详细内容见表 3-1）。同时由于江西省处于北半球中纬度地区，且境内海拔相对较低，不存在苔原与冰川地貌，所以本研究选取其余 8 种地表覆盖类型作为研究对象。

表 3-1　　　　　　　　　　　　　　　　GlobeLand30 类型定义表

编码	类型	定　　义
10	耕地	耕地是指通过播种耕作可以生产粮食和纤维产品的土地，主要包括水田、旱地、菜地、大棚用地、人工牧草地、种植灌木或禾本经济作物的耕地、弃耕地及休耕地
20	林地	林地指树冠密度超过 20% 的土地表面，包括落叶阔叶林、落叶针叶林、常绿阔叶林、常绿针叶林、混交林等
30	草地	草原是指以天然的草地为主，总的植被覆盖率高于 20% 的土地表面，包括草甸草原、典型草原、荒漠草原、高寒草原及草坪等
40	灌木地	灌木地是指以没有主干的、相对低矮的乔本植物为主的地表区域，总植被覆盖率高于 20%，包括常绿灌丛、山地灌丛、荒漠灌丛、山地灌丛、落叶区域等
50	湿地	湿地是指每年大部分时间水位接近或高于地表的区域，包括河流洪泛湿地、湖泊湿地、森林/灌木湿地、滨海沼泽、滩涂/盐沼、红树林等
60	水体	水体是指所有宽度超过 100m 的河流或面积大于 6hm² 的水面，包括河流、湖泊、水库及坑塘等
70	苔原	苔原主要指以灌木为主的苔原，处于高纬度的高寒区域或高山上无树界线以外低矮植被区域包括混合苔原、灌丛苔原、湿地苔原、禾本苔原、裸地苔原等
80	人造地表	人造地表是指由混凝土、砂石、沥青、砖瓦、玻璃以及其他人工建材覆盖的土地表面，包括居民点、交通设施用地及工矿用地等
90	裸地	裸地是指几乎不存在生物多样性的区域或植物生长稀疏、低矮的区域，包括沙地、砾石地、裸岩地、盐碱地表、生物结皮等

编码	类型	定　义
100	冰川和永久积雪	冰川和永久性积雪是指分布在地球两极和高山之巅经常被冰和雪覆盖的区域，包括冰盖和冰川、永久性积雪等

3.2.2　参考数据

1. Landsat 数据

美国 NASA 于 1972 年发射了第一颗 Landsat 系列卫星，经过多年的发展，已经发射 8 颗 Landsat 系列卫星，目前所使用的遥感数据多为 Landsat-5、Landsat-7 与 Landsat-8 卫星影像。其中 Landsat-5 于 1984 年发射成功，携带的主要传感器为专题制图仪（Thematic Mapper，TM），连续工作了近 30 年，于 2013 年 6 月退役，是全球应用最为广泛、成效最为显著的地球资源卫星遥感信息源（Broich et al.，2009；杨中等，2012）。Landsat-5 的专题绘图仪分为 7 个波段，其中热红外波段的空间分辨率为 120m，其余波段分辨率为 30m。Landsat-7 于 1999 年发射升空，携带增强型专题制图仪（Enhanced Thematic Mapper，ETM+），在 TM 的基础上，增加了分辨率为 15m 的全色波段，同时热红外波段空间分辨率提升至 60m。Landsat-8 于 2013 年 2 月发射成功，搭载的主要传感设备为陆地成像仪（Operational Land Imager，OLI）和热红外传感器（Thermal Infrared Sensor，TIRS）。ETM+ 相比，OLI 增加了一个深蓝波段和一个卷云波段，此外 TIRS 有两个热红外波段，空间分辨率均为 100m。TM、ETM+ 以及 OLI 和 TIRS 的详细波段信息如表 3-2 所示。

表 3-2　　　　　　Landsat 卫星 OLI/TIRS，ETM+，TM 波段特征

波段名称	Landsat-8 OLI/TIRS		Landsat-7 ETM+		Landsat-4-5 TM	
	波段	波长范围（μm）	波段	波长范围（μm）	波段	波长范围（μm）
海岸带/气溶胶	波段 1	0.43~0.45	—	—	—	—
蓝色	波段 2	0.45~0.51	波段 1	0.45~0.52	波段 1	0.45~0.52
绿色	波段 3	0.53~0.59	波段 2	0.52~0.60	波段 2	0.52~0.60
全色	波段 8	0.50~0.68	波段 8	0.52~0.90	—	—
红色	波段 4	0.64~0.67	波段 3	0.63~0.69	波段 3	0.63~0.69
近红外	波段 5	0.85~0.88	波段 4	0.77~0.90	波段 4	0.76~0.90
近红外	—	—	—	—	—	—
卷云	波段 9	1.36~1.38	—	—	—	—

续表

波段名称	Landsat-8 OLI/TIRS		Landsat-7 ETM+		Landsat-4-5 TM	
	波段	波长范围（μm）	波段	波长范围（μm）	波段	波长范围（μm）
短波红外-1	波段 6	1.57~1.65	波段 5	1.55~1.75	波段 5	1.55~1.75
短波红外-2	波段 7	2.11~2.29	波段 7	2.09~2.35	波段 7	2.08~2.35
热红外	波段 10 T1	10.60~11.19	波段 6 T2	10.40~12.50	波段 6 T2	10.40~12.50
热红外	波段 10 T1	11.50~12.51	—	—	—	—

2. 哨兵-2 数据

哨兵-2（Sentinel-2）数据是欧洲太空局（ESA）哥白尼计划的第二颗卫星，为高分辨率多光谱成像卫星，覆盖 13 个光谱波段，幅宽达 290km，地面分辨率分别为 10m、20m 和 60m。哨兵-2A，哨兵-2B 分别于 2015 年和 2017 年发射升空，两者协同工作，中低纬度地区的重访周期为 5 天，而高纬度地区则仅需 3 天。哨兵-2 的详细光谱波段信息如表 3-3 所示。

表 3-3　　　　　　　　　　　　　　　**哨兵-2 卫星波段特征**

波段数	Sentinel-2A		Sentinel-2B		空间分辨率（m）
	中心波段（nm）	带宽（nm）	中心波段（nm）	带宽（nm）	
1	443.9	27	442.3	45	60
2	496.6	98	492.1	98	10
3	560.0	45	559	46	10
4	664.5	38	665	39	10
5	703.9	19	703.8	20	20
6	740.2	18	739.1	18	20
7	782.5	28	779.7	28	20
8	835.1	145	833	133	10
8a	864.8	33	864	32	20
9	945.0	26	943.2	27	60
10	1373.5	75	1376.9	76	60
11	1613.7	143	1610.4	141	20
12	2202.4	242	2185.7	238	20

3. 全国遥感监测土地利用/覆盖分类数据

全国遥感监测土地利用/覆盖分类数据（Land-Use and Land-Cover Change，LUCC）由中国科学院地理科学与资源研究所研制，其分类体系与 GlobeLand30 数据分类体系不同，共 6 个一级类型，25 个二级类型，其中耕地划分为 8 个三级类（表 3-4）。

表 3-4　　　　　　　　　　全国遥感监测土地利用/覆盖分类体系表

一 级 类 型			二 级 类 型		
编码	名称	定　义	编码	名称	定　义
1	耕地	耕地是指耕作和种植农作物的土地（如轮歇地、开荒地、闲弃地），包括农业用地、农业果地、农业桑地等，类型多样；此外，耕种三年以上的滩地和滩涂也属于耕地	11	水田	水田是指有灌溉设施并保证水源丰富，以种植水稻和生长莲藕等水生农作物为主的耕地，也包括水稻和旱地等农作物轮种的耕地
			12	旱地	旱地指无水源保证及灌溉设施，靠降水或人为灌溉生长农作物的耕地；此外，旱地还包括有水源和浇灌设施进行灌溉的旱作物耕地，以种植蔬菜为主的耕地，正常轮作的轮歇地和休闲地
2	林地	林地是指生长灌木、乔木、竹类以及生长于沿海红树林地的林业用地	21	有林地	有林地是指郁闭度高于 30% 的人工林和天然林，包括防护林、用材林、经济林等
			22	灌木林	灌木林是指郁闭度高于 40% 且高度在 2m 以下的灌丛林地或矮林地
			23	疏林地	疏林地是指郁闭度在 10%~30% 区间范围内的林地
			24	其他林地	其他林地包括未成林造林地、苗圃、迹地及各类园地（如茶园、果园、桑园、热作林园地等）
3	草地	草地是指以草本植物为主，覆盖率在 5% 以上的各类草地，以牧业为主的灌丛草地和郁闭度在 10% 以下的疏林草地	31	高覆盖度草地	高覆盖度草地指覆盖率高于 50% 的割草地、天然草地以及改良草地等。一般，此类草地水分条件较好，草被生长茂密
			32	中覆盖度草地	中覆盖度草地指覆盖度在 20%~50% 区间范围内的改良草地和天然草地，此类草地水分不足，草被较稀疏
			33	低覆盖度草地	低覆盖度草地指覆盖度在 5%~20% 之间的天然草地。此类草地水分缺乏，草被稀疏，牧业利用率低

续表

一 级 类 型			二 级 类 型		
编码	名称	定　义	编码	名称	定　义
4	水域	水域包括水利设施用地和天然陆地水域	41	河渠	水渠指人工开挖或天然形成的，河流及主干渠常年位于水位以下的土地
			42	湖泊	湖泊指天然形成的积水区常年位于水位以下的土地
			43	水库坑塘	水库坑塘指人工修建的蓄水区常年位于水位以下的土地
			44	永久性冰川雪地	永久性冰川雪地指常年被冰川和积雪所覆盖的地球表面
			45	滩涂	滩涂指沿海大潮中位于高潮位与低潮位之间的潮侵地带
			46	滩地	滩地指河流、湖水域平水期水位与洪水期水位之间的区域
5	城乡、工矿、居民用地	城乡、工矿、居民用地指城乡居民点及县镇以外的交通、工矿等用地	51	城镇用地	城镇用地指大、中、小城市及县镇以上的建成区用地
			52	农村居民点	农村居民点多为农民居住和生活的区域
			53	其他建设用地	其他建设用地指独立于城镇以外的大型工业区、厂矿、采石场、油田、盐场等用地，还包括交通道路、机场等特殊用地
6	未利用土地	未利用土地指目前还未被利用和开发的土地，包括难以利用的土地	61	沙地	沙地指土地表面被沙石所覆盖，植被覆盖度在 5% 以下的土地，包括沙漠，但不包括水系中的沙滩
			62	戈壁	戈壁指地表以碎砾石为主，植被覆盖度在 5% 以下的土地
			63	盐碱地	盐碱地指地表盐碱含量高，植被稀少，只能生长耐盐碱性植物的土地
			64	沼泽地	沼泽地指地势平坦低洼，排水不畅，季节性积水或经常性积水，长期潮湿，表层生长湿生植物的土地
			65	裸土地	裸土地指被土质覆盖，植被覆盖度在 5% 以下的土地
			66	裸岩石砾地	裸岩石砾地指地表为石砾或岩石，覆盖面积 5% 以下的土地
			67	其他	其他指其他未利用的土地，包括苔原、高寒荒漠等

3.2.3 数据处理

由于本研究中所获取的数据均为原始数据，所以需要对数据进行相关处理。针对 Landsat TM 数据，本研究的研究区域为江西省全域，需要将多幅遥感影像进行拼接，由于遥感影像质量问题，本研究获取的遥感影像为不同时相的影像。为了保证目视解译的准确性，本研究需要对 Landsat TM 影像进行基于 ENVI 下的 FLAASH 大气校正，并对校正后的影像进行拼接、裁剪，得到的江西省遥感影像如图 3-3 所示。

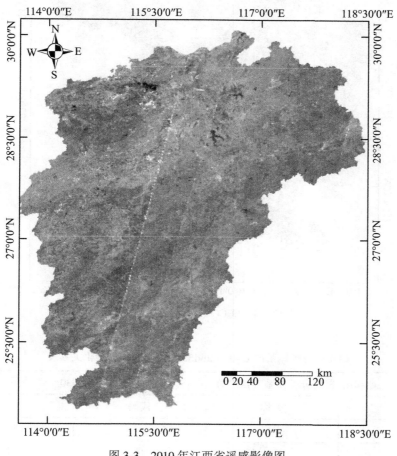

图 3-3 2010 年江西省遥感影像图

同时，由于全国遥感监测土地利用/覆盖分类数据（LUCC）的分类体系与 GlobeLand30 数据的分类体系不同，在数据应用时，需要对二者的分类体系进行转化，如表 3-5 所示。转化后，对全国遥感监测土地利用/覆盖分类数据（LUCC）进行重分类，以保证其分类类型与 GlobeLand30 数据分类体系相同，分类后结果如图 3-4 所示。

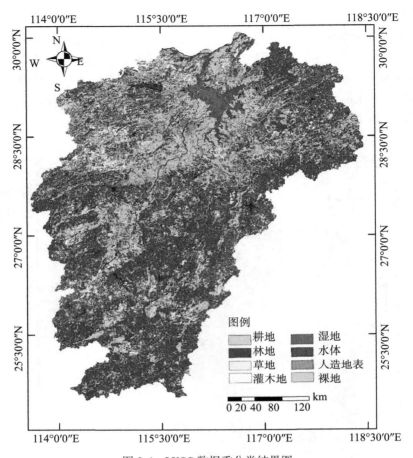

图 3-4　LUCC 数据重分类结果图

表 3-5　　　　　LUCC 分类体系向 GlobeLand30 地表覆盖类型转化关系表

全国遥感监测土地利用/覆盖分类体系（LUCC）		GlobeLand30 分类体系	
代码	名称	代码	名称
11	水田	10	耕地
12	旱地		
24	其他林地		
21	有林地	20	林地
23	疏林地		
31	高覆盖度草地	30	草地
32	中覆盖度草地		
33	低覆盖度草地		

续表

全国遥感监测土地利用/覆盖分类体系（LUCC）		GlobeLand30 分类体系	
代码	名称	代码	名称
22	灌木林	40	灌木地
46	滩地	50	湿地
64	沼泽地		
41	河渠	60	水体
42	湖泊		
43	水库坑塘		
51	城镇用地	80	人造地表
52	农村居民点		
53	其他建设用地		
65	裸土地	90	裸地
67	其他		

3.3 地面实测数据

为保证地表覆盖遥感产品精度评定时样本判断的准确性，研究团队分别于 2017 年 5 月、6 月在江西省进行实地数据采集工作，共采集到 527 个特征点数据，为样本点属性的判读提供了更加可靠的依据。由于 GlobeLand30 数据显示，江西省北部地表覆盖类型丰富，包含湿地、森林等，而南部地表覆盖类型具有代表性，灌木地仅存在于南部地区，故本次实地采集工作分为南线与北线。

江西省实地数据采集工作北线部分是在与中国科学院地理科学与资源研究所师生协同合作下，在 2017 年 5 月完成的。数据采集期间，使用天宝 RTK 测量型 GPS 进行样本点的差分定位，定位信息准确，位置误差小。北线采集工作的特点为采点范围广、采点精度高，主要任务为采集一些特征较为明显的点位信息。北线采集任务由江西省南昌市出发，途经东乡县、万年县、婺源县等县区（具体路线如图 3-5 所示），选取地物特征较为明显的位置进行采点，共历时 3 天，采集 85 个特征点，包括林地、耕地、草地、人造地表等地表覆盖类型（图 3-6）。

江西省实地数据采集工作南线部分于 2017 年 6 月完成。数据采集期间，研究团队使用集思宝 A3S 型手持 GPS 进行样本点的单点定位，定位方便，采集迅速。南线采集工作的特点为集中采点、采点密度高、采样类型多，包括点样本与线样本两种类型。南线采集

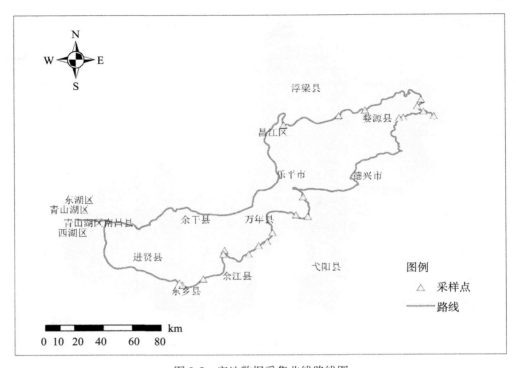

图 3-5　实地数据采集北线路线图

图 3-6　耕地示例图

任务主要集中于江西省赣州市龙南县内，由县城沿国道 105、省道 327 等向四周辐射，同时定南县、信丰县、南康县也有采点，具体如图 3-7 所示，选取地物时以沿线采点的方式进行采点，共历时 3 天，采集 460 个点样本，包括耕地、林地、草地、人造地表、灌木地等地表覆盖类型，如图 3-8 所示。

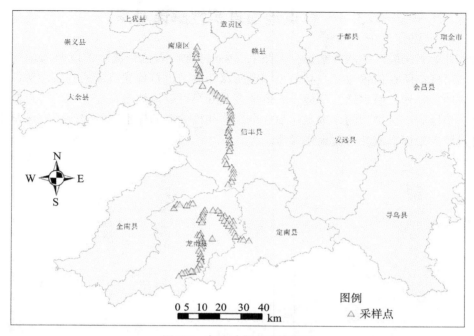

图 3-7　实地采集南线路线图

图 3-8　草地、耕地示例图

3.4　样点地面真实性解译对照

依据外业对试验区的踏勘结果，参照 Landsat 标准假彩色合成影像以及天地图高分辨率影像，对样点所在位置按照产品最小图斑所覆盖区域进行地表覆盖的真实性解译，完成水体、耕地、林地、灌木地、草地、人造地表共 6 类可解译地表覆盖类型的样点真实性检验。每一个地表覆盖类型的样本点达 200 个。这些检验后的样本点为整个研究区基于遥感影像进行样点地面真实性检验提供参考。

第 4 章　GlobeLand30 精度抽样测试与分析

4.1　GlobeLand30 产品概述

随着遥感技术的迅猛发展，目前在世界范围内已经存在多套全球地表覆盖数据产品，如 UMD 数据集、IGBP-DISCover、MODIS 数据集，以及 GLC 2000、GLC 2005、GLC 2009 等，以满足全球生态学、地理学、气候变化以及环境模拟的需要（吴文斌等，2009）。上述产品的分辨率为 1km 或 300m。为了在更细尺度上进行全球变化、气候模拟等方面的研究，我国研制了 2000 年和 2010 年两期全球首套空间分辨率为 30m 的地表覆盖数据产品 GlobeLand30，这被国际同行誉为全球对地观测和地理空间数据共享领域的一个里程碑成就，受到国内外社会及学术界的广泛关注（Chen et al.，2015）。

遥感产品的精度，无论是对于数据生产部门还是对于用户均至关重要，GlobeLand30 在生产过程中以陕西省为实验区，对 2010 年产品采用空间抽样的方法，利用混淆矩阵对产品进行了精度评估。结果表明，GlobeLand30 产品总体精度为 79.96%，Kappa 系数为 0.74，表明该产品具备很好的数据质量（孟雯等，2015）。Arsanjani（2016）选择了在生态方面颇具代表性的 6 个大中城市作为研究区，探讨了 GlobeLand30 2010 年的数据精度及其可能的应用，其研究结果表明，在整个伊朗地区，GlobeLand30 的总体精度达到 77.9%，完全可以满足该地区生态环境评价的需要。

本章以 TM 数据 123/032 所对应的区域为研究区，通过目视解译的方法，从原始 TM 影像上选取有代表性的样区，测试了 2000 年和 2010 年两期 GlobeLand30 的产品精度。受限于 TM 光谱信息以及作者对地表覆盖类型的目视解译能力，本章主要测试了人造地表、农田、林地和水体的精度。同时，重点分析和探讨了上述 4 类地表覆盖要素的用户精度，以期为 GlobeLand30 产品的使用及其后续产品的质量检查和更新提供技术支持。

4.2　研 究 方 法

4.2.1　研究区

本章选用 Landsat 影像轨道号/行号分别为 123/032 所对应的区域为研究区，覆盖范围为 185km×185km，北京市大部分行政区位于该影像范围内，如图 4-1 所示。

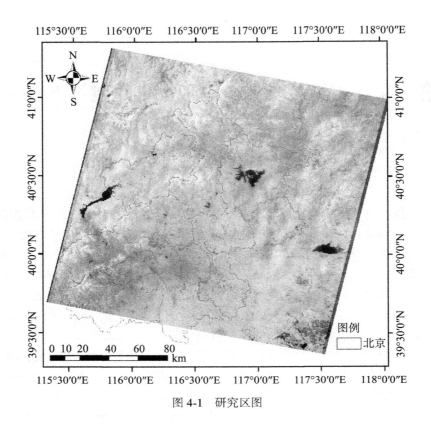

图 4-1　研究区图

4.2.2　数据及处理

GlobeLand30 是我国科学家研制出的世界首套 30m 分辨率全球地表覆盖数据集。本研究采用 GlobeLand30 的 2000 年及 2010 年两期地表覆盖产品。该产品包括 10 类地表覆盖类型：耕地、林地、草地、灌木地、湿地、水体、人造地表、裸地、永久积雪和苔原。此外，数据资料还有 2000 年和 2010 年的 TM 影像各一景。

借助于 ArcGIS 的重分类功能，我们将研究区所在的两个格网的 10 类地表覆盖信息提取出来，并进行镶嵌处理，再利用研究区的矢量图对镶嵌后的数据进行裁切处理，得到本研究所用的两期地表覆盖数据，如图 4-2、图 4-3 所示。这里将 TM543 波段合成假彩色影像，以提高目视解译的准确度。

4.2.3　研究方法

本章采用分层随机抽样的方法实现对样本点的获取，即对 GlobeLand30 产品进行逐类别单独采样，采样时选择随机采样方法。由于过多的样区会增加样点之间的相关性，因此，在满足样区最小数量的基础上，样区与样区之间的最小距离为产品空间分辨率的 10 倍，即 3km，以最大可能地减少样区之间的相关性（王振华等，2010）。

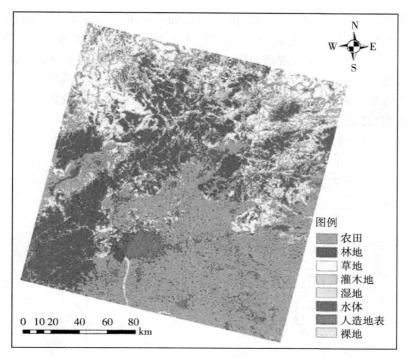

图 4-2　2000 年研究区地表覆盖图

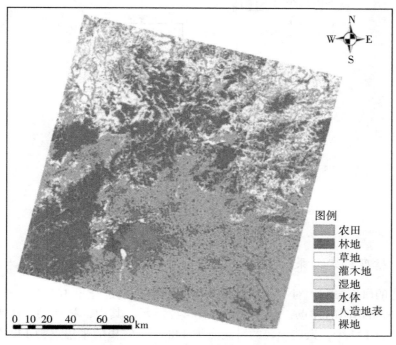

图 4-3　2010 年研究区地表覆盖图

建立混淆矩阵是进行精度评定的前提（Mccallum et al.，2006）。首先将选好的样区，利用随机采样的方法，生成样区内的样点（刘旭拢等，2006）。并将其叠加到 GlobeLand30 产品影像上，生成混淆矩阵并进行精度评定。考虑到本章仅选择四类地表覆盖类别，在混淆矩阵中不能反映用地表覆盖类型的错分情况。为了确保精度，我们对地面点数据采用 3×3 模板取众数作为最终的 GlobeLand30 产品类别而与地面数据对比，以考察各用地表覆盖类型的详细错分情况。详细的技术路线如图 4-4 所示。

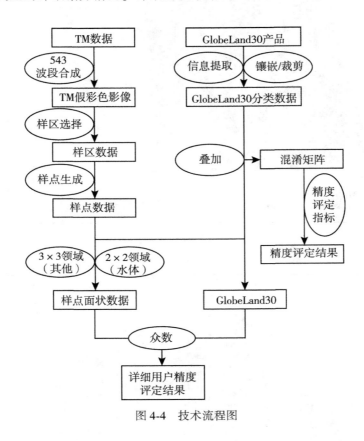

图 4-4　技术流程图

4.3　结果与分析

4.3.1　精度评定结果

根据前述的研究方法，对上述四类地表覆盖类别分别选择了 100 多个样区，且 2000 年和 2010 年采用相同的样点，样点分布如图 4-5 所示。其中，林地的采集点为 137 个，水体的采集点为 124 个，人造地表的采集点为 148 个，农田的采集点为 142 个。从图 4-5 中可以看出，本章选择的样区基本覆盖了各类地表覆盖要素的典型区域。比如人造地表样点，基本覆盖了城区、近郊、远郊等各类不同发展状况的人造地表类别。

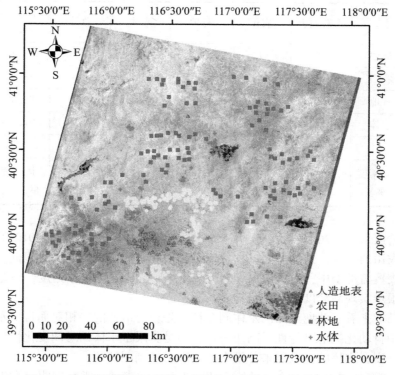

图 4-5 样点数据位置示意图（背景为 2000 年 TM 假彩色合成图）

从表 4-1 的总体精度可以看出，两期产品均达到很好的精度，要明显优于我国陕西实验区的 79.96% 以及伊朗地区的 77.9%，这表明在北京及其周边地区，GlobeLand30 产品具有非常高的分类精度。这一点也可以从 Kappa 系数中反映出来，无论是 2000 年的 0.91，还是 2010 年的 0.86，均表明 GlobeLand30 产品在研究区具备很高的分类精度。

表 4-1   **2000 年、2010 年 GlobeLand30 在研究区的精度评定表**

年份	产品／样点	人造地表	农田	林地	水体	总计	用户精度（%）	Kappa 系数
2000	人造地表	109	0	0	1	110	99.09	
	农田	2	128	9	19	158	81.01	
	林地	0	0	126	0	126	100.00	
	水体	0	2	0	101	103	98.06	0.91
	总计	111	130	135	121	497		
	出版精度（%）	98.20	98.46	93.33	83.47		总体精度＝93.36%	

续表

年份	产品 样点	人造地表	农田	林地	水体	总计	用户精度 （%）	Kappa 系数
2010	人造地表	85	1	1	6	93	91.40	
	农田	3	114	9	19	145	78.62	
	林地	0	1	114	4	119	95.80	
	水体	0	0	0	72	72	100.00	0.86
	总计	88	116	124	101	429		
	出版精度 （%）	96.59	98.28	91.94	71.29		总体精度 = 89.74%	

　　从用户精度来看，2000 年林地的用户精度最高，农田的最低；而 2010 年水体的用户精度最高，农田的最低。这均表明，在两期产品中农田的用户精度相对偏低。本研究所选择的 4 类地表覆盖类型中，由于农田相对比较复杂，无论是从光谱角度，还是从几何、纹理角度，均很难实现高精度的自动化提取。

　　从制图精度来看，两期产品的水体制图精度是相对最低的。相对而言，水体是所有地表覆盖类别中自动化提取可行性最高的一类，但是受限于水体的时间变化性以及水体与水田较低的区分度，水体的提取结果并没有达到理想的制图精度。

　　从 2000 年产品与 2010 年产品的综合比较来看，前者的分类精度明显高于后者。这可能是由于 2010 年的产品是最先发布的，而 2000 年的产品明显晚于 2010 年产品的发布时间。有了前期产品的参照及生产经验积累，后期产品的精度在理论上应该优于前期产品。

4.3.2　产品错分误差分析

　　由于我们仅选择了研究区内 8 类地表覆盖类型中的 4 类，所以在混淆矩阵中并不能很好地反映其地表覆盖类型的错分误差。为了探究所选择的 4 类地表覆盖类型的错分状况，同时考虑到点对点的混淆矩阵可能在计算结果上与实际情况有部分出入，因此，我们需要考虑样点的邻域特性，以保证精度评定结果的可靠性。针对水体的现状分布特征，我们对水体的样点采用 2×2 邻域，而其他的地表覆盖类型均选择 3×3 领域，这样就得到了样点的面状图层。图 4-6 为研究区局部放大图。我们统计样点邻域范围内 GlobeLand30 的众数，作为该区域的地表覆盖类别。

　　通过将产品与样点邻域的众数所对应的类别进行对比，运用目视解译的方式，以发现每一类地表覆盖类型正确分类和错误分类的样点，表 4-2 给出了 2000 年和 2010 年两期 GlobeLand30 产品地表覆盖类型的用户精度表。从表中可以看出，人造地表和农田的用户精度是最让人满意的，人造地表覆盖类型的主要易混用地类型是农田，其次是草地和林地。林地的用户精度在 80% 以上，其主要易混用地类型是草地和农田。用户精度最低的是水体，影响其分类精度的主要地表覆盖类型是农田。造成其分类正确性较低的原因主要是在 GlobeLand30 生产过程中，将水田划分为农田，而尺度相对较小的水体很容易被错误

图 4-6 样点邻域局部放大图

地划分为水田, 进而造成水体极易错分为农田。图 4-7 给出了上述 4 类地表覆盖要素错分的典型区域图, 每一类错分对比图中, 位于上部的图片是 GlobeLand30 的结果, 位于底部的图片是 TM 波段 543 假彩色合成的结果。在每个图片的中部用红框框起来的位置即为样点及其邻域范围, 可以清晰地分辨出划分的各地表覆盖类型与下垫面正确的地表覆盖类别存在明显差异。

表 4-2　2000 年、2010 年 GlobeLand30 在研究区的用户精度评定表

年份	产品\样点	人造地表	农田	林地	水体	草地	总数	用户精度（%）
2000	人造地表	136	10			2	138	98.6
	农田		138	2		2	142	97.2
	林地		2	115		20	137	83.9
	水体		23		99	2	134	73.9
2010	人造地表	128	9	1			138	92.8
	农田	1	134	1			136	98.5
	林地		6	105		19	130	80.8
	水体	2	23	5	77		107	72.0

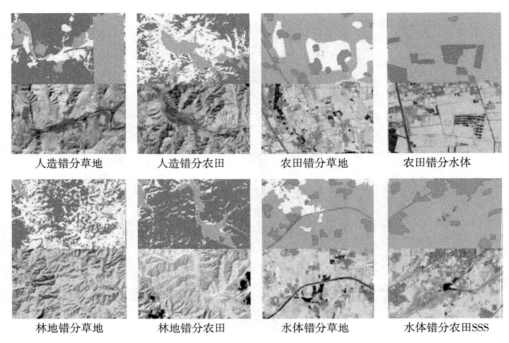

|人造错分草地|人造错分农田|农田错分草地|农田错分水体|

|林地错分草地|林地错分农田|水体错分草地|水体错分农田SSS|

图 4-7　2000 年 GlobeLand30 四种地表覆盖类型的典型错分图

4.3.3　讨论

GlobeLand30 的发布，将世界范围内地表覆盖产品的空间分辨率从百米级提高到 30m 级，为全球环境规划、气候模拟等提供了更细尺度的基础数据，其产品精度也得到国内外相关用户的认可。本研究针对 1 景 TM 影像数据覆盖的区域，对 GlobeLand30 产品精度进行了详细的抽样测试，结果表明对于在本研究区内所测试的 4 类地表覆盖类型，无论是它们的总体精度，还是 Kappa 系数，均取得了较高的精度。本研究结果的取得受限于如下因素。

（1）本研究区位于北京及其周边地区。北京是我国的首都，备受国内外社会及科学工作者关注。基于此，数据生产过程中势必对该区域的数据生产质量进行更为严格的控制。

（2）地面点的选取及其精度对研究结果的重要性不言而喻。受困于没有可用的高分辨率影像，本研究采用目视的方式在影像上选点，这无疑会对精度评定的结果造成一定的影响。

（3）以点对点的形式进行精度的评定，本身也存在一定的问题，虽然已经将可能的孤立地表覆盖类型排除掉，但是因为遥感影像分类后或多或少会存在椒盐现象，因此对精度评定的结果肯定有一定程度的影响。此外，地面点选点个数的多少、选点的位置、点与点之间的相关性等问题都会对本研究的结果产生影响。

（4）从地表覆盖类别的类型和数量上，GlobeLand30 提供了 10 类地表覆盖类别，在本研究区一共识别出 8 类，不包含苔原和永久性积雪。在具有 30m 分辨率、7 个光谱波段的 TM 影像上，受限于人眼的识别能力，同时为了确保结果的可靠性，本测试的精度评定仅针对 4 类地表覆盖类型，即人造地表、农田、林地和水体。相对于湿地、草地等地表覆盖类型，本研究选定的地表覆盖类别更易于实现高精度的自动分类。如果选取全部的 8 类地表覆盖类型进行精度评定，其精度评定结果可能会有所下降。

（5）受限于可用的 GlobeLand30 数据以及时间等因素，这里仅选择了 1 景 TM 影像对应的区域对产品精度进行了测试。研究结果在一定程度上缺乏代表性。

上述问题可以通过如下途径予以改进，如采用亚米级高分辨率遥感影像作为参考数据，改进采样方法，或者将实验区限定在同一个气候区对产品进行精度的评定等。

4.4　结　　论

本研究基于全球 30m 地表覆盖数据（GlobeLand30），以 TM 影像轨道号/行号为 123/032 所对应的区域为实验区，采用空间抽样和目视解译的方式，利用混淆矩阵对 GlobeLand30 的 4 类地表覆盖类别（即人造地表、农田、林地和水体）进行了精度评定。混淆矩阵的研究表明，在本研究区，总体精度和 Kappa 系数都明显优于文献中评定的结果，并且 2000 年的产品精度要优于 2010 年的产品精度。在用户精度的详细评定方面，人造地表和农田具有很高的用户精度，其次是林地，而水体的用户精度则最低。农田是影响人造地表和水体最为严重的地表覆盖类型，而将林地错分为草地的可能性是最高的。

本章的研究成果可以作为相关用户使用本区域 GlobeLand30 产品时的参考信息，但是在区域的广泛性、选点的科学性和自动化，以及需要顾及全部的地表覆盖类型等问题上还需要做深入的研究。

第5章 GlobeLand30产品精度交叉验证方法研究

5.1 概　　述

地表覆盖（Land Cover）是指地球表面各种物质类型及其自然属性与特征的综合体，准确测定土地覆盖的变化是研究可持续发展规划、土地资源管理及地理国情监测的重要参量（Chen et al.，2012）。随着时代的发展，人们对全球地表覆盖数据有了新的需求，原粗精度全球地表覆盖数据产品已不能满足人们的需求（Chen et al.，2014）。GlobeLand30是全球首套具有30m分辨率的土地数据覆盖产品，包括2000年和2010年两期，其分类精度高，产品一致性好，贴近地球系统模式分类需求（Liao et al.，2015；Chen et al.，2011）。GlobeLand30被世界各个国家使用，填补了新时代高精度全球土地覆盖数据产品的空白，为全球生态系统评价提供了基础信息。

地表覆盖数据产品精度评定是合理使用这些数据产品的前提和保障。由于数据质量、分类体系及制图方法的不足，导致数据产品质量存在问题，在实际应用中造成了严重损失（Ma et al.，2016）。通过对数据产品进行精度评定，数据生产者可以进一步改善数据，提高数据产品的质量。而且对不同数据产品进行对比分析，我们可以发现这些数据的优缺点，使用者可以根据数据的特点选择自己所需要的数据。因此，在使用土地覆盖数据前对其进行精度评定是十分必要的，有利于产品的广泛应用和提高决策的科学性（Cao et al.，2012；Ning et al.，2012）。

GlobeLand30数据产品已于2014年由中国政府向联合国捐赠，供联合国系统、各成员国和国际社会使用（Liao et al.，2015）。国内外学者已经开展对GlobeLand30的精度评定研究，如Chen等（2016）对该产品在全球范围进行了精度评定；Brovelli等（2015）利用交叉验证法对意大利区域的GlobeLand30数据进行了精度评定；Meng等（2015）利用样本评价法研究了GlobeLand30数据在陕西省的精度；Ma等（2016）利用比较分析法对河南省的GlobeLand30数据进行评价；Huang等（2016）利用空间一致性方法研究了GlobeLand30数据在陕西省的精度。由中国科学院地理科学与资源研究所生产的2010年1∶100000中国土地利用数据（LUCC），其一级和二级类型数据解译的总体精度达到90%以上，是中国精度较高的土地利用产品。且LUCC与GlobeLand30具有相同的30m空间分辨率，因此，本章尝试利用LUCC与GlobeLand30进行交叉验证。

5.2 数据及处理

5.2.1 研究区及数据

江西省位于我国东南部，总面积为 $16.69×10^4 km^2$，其自然地理概况详见 3.1 节。地貌和气候的特殊性使得江西省地表覆盖类型较为丰富，包括 GlobeLand30 的地表覆盖类型中除苔原、冰川和永久积雪之外的其余 8 种类型。本章以江西省北部地区和南部地区为研究区，开展交叉验证研究。

本章待评价数据为 2010 年 GlobeLand30 数据，包括人造地表、耕地、林地、草地、灌木地、湿地、水体、裸地共 8 种地表覆盖类型。2010 年 1∶100000 中国土地利用数据（LUCC）为参考数据，该数据是在已建立的 20 世纪 80 年代末、1995 年、2000 年、2005 年 4 期全国土地利用变化数据库的基础上，采用土地利用变化遥感信息人机交互快速提取方法，解译 2010 年覆盖中国的 Landsat TM 数字影像完成的，一级和二级类型数据解译的总体精度达到 90% 以上，是中国精度较高的土地利用产品（Liu et al.，2014）。

5.2.2 数据处理

因 GlobeLand30 和 LUCC 存在数据源、数据尺度及坐标系等方面的差异，我们在对数据进行精度评定之前，要先进行预处理操作（Ma et al.，2016）。其主要处理内容包括投影转化、拼接、裁剪、重分类等，处理流程如图 5-1 所示。

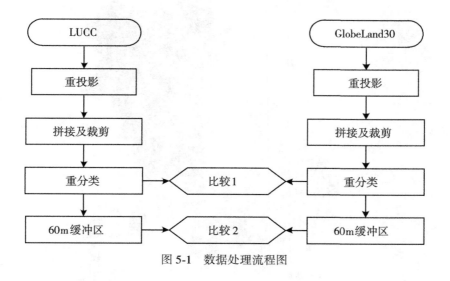

图 5-1 数据处理流程图

首先将 GlobeLand30 及 LUCC 重投影到同一坐标系统（WGS-84_ UTM_Zone_50N）；根据研究区域对数据进行拼接、裁剪，获取边界一致的栅格数据。因 GlobeLand30 和 LUCC 的分类系统不同，重分类是数据处理中必不可少的步骤。以 GlobeLand30 分类系统为准，

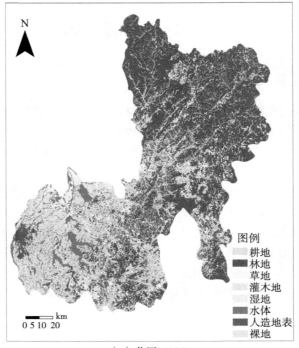

（a）北区LUCC

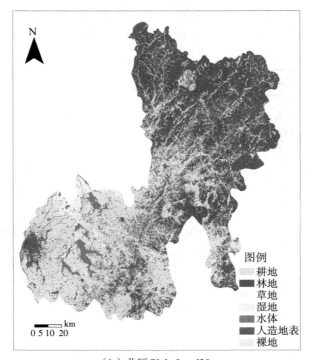

（b）北区GlobeLand30

图 5-2　研究区北区和南区处理后的 LUCC 和 GlobeLand30 数据（一）

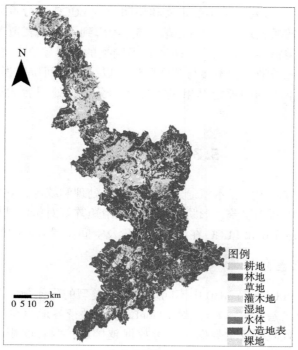

（c）南区LUCC

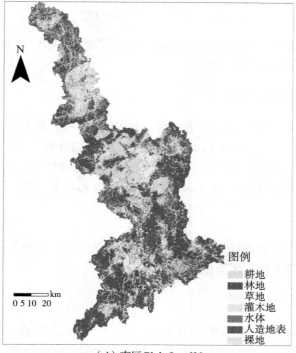

（d）南区GlobeLand30

图 5-2　研究区北区和南区处理后的 LUCC 和 GlobeLand30 数据（二）

根据 LUCC 和 GlobeLand30 对其分类的定义和说明，对 LUCC 进行重分类转化，实现两者分类系统的统一，其转换关系表见第 3 章表 3-5。考虑到不同地表覆盖类型的边界因空间位置不匹配而导致分类错误的问题，本研究在不同类的边界建立一个 60m 缓冲区，所有位于该缓冲区内的像元被消除，不参与精度验证，以减少空间位置误差带来的不确定性；同时与无缓冲区情况下得到的评定结果进行比较和分析。处理后的结果数据如图 5-2 所示。

5.3　研　究　方　法

从栅格和矢量两方面出发，本章通过对数据进行处理和统计，获取各类地物的像元数量、面积等信息，再用面积误差、形状一致性及混淆矩阵等对精度结果进行分析。从而可以直观地获取 GlobeLand30 和 LUCC 在面积、数量及空间位置方面的差异。

5.3.1　面积误差分析

分别统计 LUCC 和 GlobeLand30 中不同地表覆盖类型的像元数，并获取各类地物的面积信息。借助于面积误差系数（C），对 GlobeLand30 进行各地表覆盖类型的面积精度评定。其中 C 值越小，代表待评价数据与参考数据越接近，两者面积误差越小；反之，表明两者面积误差越大。

$$C = \left| \frac{K_i - N_i}{N_i} \right| \times 100\% \tag{5-1}$$

式中，C 为面积误差系数；K_i 为 GlobeLand30 土地覆盖数据中第 i 类地表覆盖类型的面积；N_i 为 LUCC 中第 i 类土地利用类型的面积。

5.3.2　形状一致性分析

从矢量的角度出发，利用叠加分析原理，对 GlobeLand30 进行形状精度评定。通过形状一致性指数（SCI），以及 GlobeLand30 与 LUCC 的叠加分析结果，实现 GlobeLand30 的形状精度评定。GlobeLand30 与 LUCC 数据叠加分析相交面积越大，两者形状一致性越好。形状一致性分析主要用于体现 GlobeLand30 和 LUCC 在形状上的匹配度。

$$SCI = \frac{S_{1i} - S_{2i}}{S_{2i}} \tag{5-2}$$

式中，SCI 为形状一致性指数；S_{1i} 为 GlobeLand30 产品中第 i 类地表覆盖类型的面积；S_{2i} 为 LUCC 数据中第 i 类土地利用类型的面积。

5.3.3　混淆矩阵

混淆矩阵是地表覆盖数据精度评定中常用的方法，以像元作为评价单元，由 GlobeLand30 和 LUCC 数据所构成的行列表，用于两数据之间进行空间比较。该行列表中，列代表参考数据，行代表待评价数据，其主对角线上的元素为正确分类的像元数。由混淆矩阵衍生得到的精度评定指标有许多，如总体精度、制图精度、用户精度等，这些精度评定指标都可以利用矩阵中的数据计算得到。

总体精度（OA）是一个总体度量，表示被正确分类的像元总和与总像元数的比例；用户精度（UA）表示某一正确分类的像元数与参考数据中该类像元数的比例；制图精度（PA）表示正确分类的像元数与待评价数据中该类像元数的比例；Kappa 系数（K）是基于混淆矩阵求得的，是表示数据分类一致性的指数，常用于对遥感数据精度进行评定。

为了分析类别边界处像元对 GlobeLand30 精度评定结果的影响，本研究分别获取数据边界处有缓冲区和无缓冲区两种情况下的混淆矩阵，利用总体精度、制图精度、Kappa 系数等指标进行对比。

5.4 结果与分析

5.4.1 面积误差结果分析

图 5-3、图 5-4 为 GlobeLand30 中不同地表覆盖类型所占面积百分比柱状图；表 5-1、表 5-2 是面积误差分析的结果，表中列出了不同地表覆盖类型的面积及误差系数。由图 5-3和表 5-1 可以看出，在 LUCC 数据中，江西省北部的总面积为 21521.23km²，耕地、林地的面积分别为 7341.37km²、10497.79km²，对应面积百分比分别为 34.11%、48.78%，这两者百分比之和达到 82%，构成了参考数据（LUCC）中北部土地利用的主要部分，其余地表覆盖类型的面积百分比仅为 17%，所占面积较小。在 GlobeLand30 中，耕地、林地亦是构成北部地表覆盖的主要部分，且各自的面积和面积百分比与参考数据中的数值相近；但是对于所占面积比例较小的草地和灌木地，GlobeLand30 与 LUCC 中的两者的面积数值差别较大。

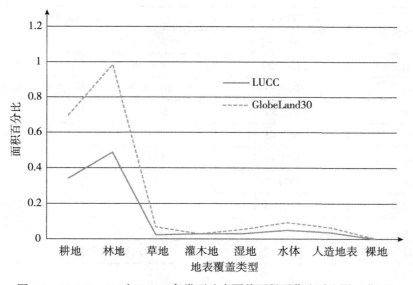

图 5-3 GlobeLand30 与 LUCC 各类型地表覆盖面积百分比对比图（北区）

研究区南部面积为 7636.99km²，无论在参考数据（LUCC）中，还是在 GlobeLand30 中，土地利用的主要构成部分都为耕地和林地，两者的面积百分比之和达到 95% 以上；其他地表覆盖类型的分布很少或者不存在，尤其草地、灌木地及水体，使得参考数据（LUCC）和 GlobeLand30 中的面积分布差异明显。

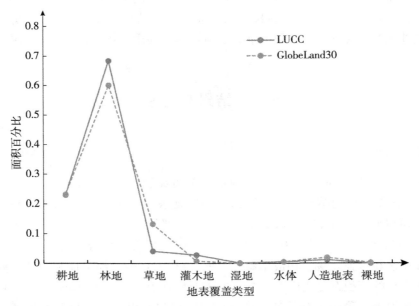

图 5-4　GlobeLand30 与 LUCC 各类型地表覆盖面积百分比对比图（南区）

表 5-1　**GlobeLand30 与 LUCC 各类型地表覆盖面积统计及误差系数（北区）**

地表覆盖类型	LUCC	GlobeLand30	
	面积（km²）	面积（km²）	面积误差（C）（%）
耕地	7341.37	7685.40	4.69
林地	10497.79	10704.38	1.97
草地	512.27	971.78	89.70
灌木地	637.85	—	—
湿地	662.16	530.63	19.87
水体	1074.79	950.47	11.57
人造地表	793.44	614.62	22.54
裸地	1.54	63.94	4039.86
总计	21521.23	21521.23	—

表5-2   GlobeLand30 与 LUCC 各类型地表覆盖面积统计及误差系数（南区）

地表覆盖类型	LUCC	GlobeLand30	
	面积（km²）	面积（km²）	面积误差（C）（%）
耕地	1756.69	1772.28	0.89
林地	5222.69	4591.00	12.10
草地	311.40	1010.51	224.51
灌木地	214.60	58.40	72.79
湿地	7.29	—	—
水体	38.97	41.69	6.99
人造地表	84.86	145.30	71.23
裸地	0.49	17.79	3501.46
总计	7636.99	7636.99	—

从表5-1、表5-2的面积误差相关数据可以看出，GlobeLand30中，耕地、林地及水体的面积误差较小，但南部和北部这三种地表覆盖类型的面积误差在数值上存在一定的差异。在江西北部，林地的面积误差最小，为1.97%；其次是耕地，为4.69%；水体的面积误差为19.87%。而在南部地区，耕地的面积误差最小，为0.89%；其次是水体，为6.99%；林地的面积误差为12.1%。在北部区域，除裸地、草地之外，其余地表覆盖类别的各面积误差数值较小；而在南部，各面积误差数值较大，如裸地、草地。出现这种现象的原因可能与所选区域的地表覆盖类型分布的密集度有关。总之，构成江西省南部和北部地区的地表覆盖主要类型的面积误差分析结果大体一致，GlobeLand30与参考数据（LUCC）存在很好的一致性；而其他的地表覆盖类型，因面积少、分布离散等原因，导致它们在两种数据上的面积一致性较差。

5.4.2 形状一致性指数结果

形状一致性分析是利用矢量叠加原理实现的，结果如图5-5所示。为了更直观地显示南、北两个试验区在形状一致性方面的差异，将两个试验区的形状一致性结果以二维柱状图的形式予以表示。从图5-5中可知，在北部试验区，耕地、林地、水体的形状一致性指数较高，高于60%；其次是湿地、水体，指数值在60%附近；草地、灌木地和裸地的形状一致性最差，其中，草地的指数值低于20%，灌木地和裸地的为零。南部试验区，水体的一致性指数大于1，造成这种现象的原因是GlobeLand30中由矢量叠加得到的水体面积大于参考数据（LUCC）中水体的面积；耕地、林地的形状一致性较好；其次是人造地表、草地；灌木地、湿地和裸地的形状一致性最差。从南、北两个试验区的地表覆盖类型的形状一致性比较可知，北部多数地表覆盖类型的一致性系数略高于南部，北部地表覆盖类型的一致性总体较好。

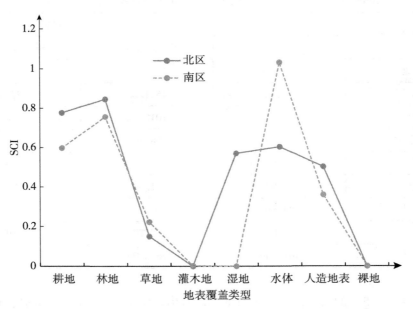

图 5-5　江西试验区北区和南区的 GlobeLand30 与 LUCC 各类型地表覆盖的形状一致性对比图

5.4.3　混淆矩阵结果

建立 LUCC 与 GlobeLand30 的混淆矩阵，在混淆矩阵的基础上，计算相关的精度评定指数。为了研究不同地表覆盖类型边界处像元对分类结果的影响，建立边界缓冲区，并获取有缓冲区和无缓冲区两种情况下的混淆矩阵。

首先对参考数据（LUCC）和 GlobeLand30 各个地表覆盖类别进行提取，再通过腐蚀的方式得到各地表覆盖类型的边界。图 5-6 显示了使用江西北部数据建立缓冲区后的结果，在图中可以看到边界处的像元全部被消除。表 5-3 是在有缓冲区和无缓冲区两种情况下得到的 GlobeLand30 的总体精度及 Kappa 系数结果。与无缓冲区相比，取消缓冲区像元后进行的精度评定结果，GlobeLand30 的总体精度及 Kappa 系数都得到了提高。这在一定程度上也说明，边界处像元错分的概率大，对待评价数据精度评定结果将有一定的影响。

表 5-3　地表覆盖类型边界周边 60m 缓冲区像元消除与保留的精度评定结果及对比

	北区		南区	
	总体精度（%）	Kappa	总体精度（%）	Kappa
未建立缓冲区	74.51	0.5970	66.75	0.3722
建立缓冲区	83.56	0.7302	78.12	0.5282

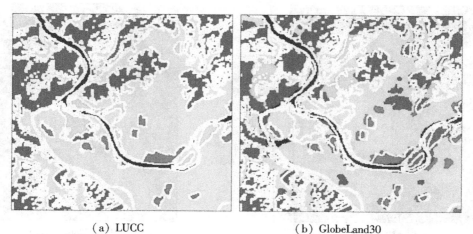

（a）LUCC   （b）GlobeLand30

图 5-6　消除边界 60m 缓冲区像元后的的 LUCC 和 GlobeLand30 数据（北区）

5.4.4　误差原因分析

由 GlobeLand30 的精度评定结果可以发现，无论是从面积的角度，还是从形状的角度，GlobeLand30 与 LUCC 数据出现一定程度的不一致性。造成不一致的原因可能是：①GlobeLand30 与 LUCC 数据的数据源、提取方法不同；②二者不同的分类体系定义及其标准。结合野外实地调查情况，我们从如下两个方面探究两类数据产生不一致的原因。

（1）由于地表覆盖与土地利用二者在概念上的差异，使得地表覆盖类型随时相发生变化：不同数据影像获取的时间不同，同种地表覆盖类型会呈现不同的形态，在地表覆盖分类时就会出现像元错分的现象，如耕地、草地、水体。江西省部分耕地分布在山谷中，不像平原区域的耕地呈块状分布，而且农作物是季节性收割的，在农作物生长茂盛时期，容易实现耕地的分类，但在无农作物种植或农作物生长初期，耕地容易与裸地或草地像元混淆出现，即会错分；草地的季节性变化更明显，尤其在冬季，草地出现枯萎，或草地处于灌木地或林地的边界处，不同类之间没有明显的界限，这都会造成像元错分；水体也存在枯水期与丰水期，同样影响水体的分类。

（2）分类体系的不同造成的产品差异及其对精度的影响：GlobeLand30 与 LUCC 采用的分类系统不同，如裸地，GlobeLand30 中定义为植被覆盖低于 20% 制图单元的土地，包括盐碱地表、沙地、砾石地、岩石地、生物结皮等；而 LUCC 中不是将裸地作为单独的一类，通常把裸土地及未利用土地中的二级类中的其他作为裸地，其中裸土地为植被覆盖度在 5% 以下的土地，未利用土地中的二级类中的其他包括高寒荒漠、苔原等。除裸地外，两种数据中其他地表覆盖类型的定义也存在一定差异。

此外，在本研究中，我们发现对于所占面积小或者分布离散的地表覆盖类型会出现漏分的现象，如人造地表、灌木地、湿地。由图 5-7（a）、（b）可以看出，部分人造地表（红色）与耕地（粉色）、林地（深绿）相间分布，且分布零散，导致人造地表在分类时

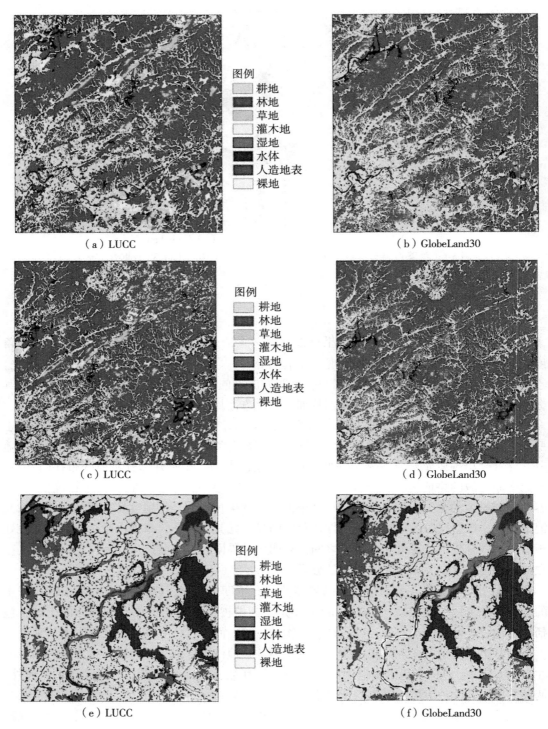

图 5-7　研究区典型漏分误差示例

被漏分，错分为林地、耕地，划分的人造地表的面积减少；图 5-7（c）、（d）表明，灌木地（黄色）多零散分布，分类时造成漏分现象明显，大部分被错分为林地（深绿）；图 5-7（e）、（f）则说明，湿地（浅蓝）多沿着河流（深蓝）分布，宽窄不一，导致湿地被错分为水体，出现漏分的问题。除此之外，当某地表覆盖类型面积提取未达到分类要求的最小图斑的尺寸时，也会导致漏分。

5.5　结　　论

本章以江西省作为研究区域，2010 年 LUCC 为参考数据，利用面积误差、形状一致性及混淆矩阵 3 种分析方法，对 2010 年 GlobeLand30 进行精度评定，并根据野外实地调查情况归纳总结 GlobeLand30 与参考数据出现不一致的原因。通过对评价结果分析，GlobeLand30 精度评定的主要结论如下。

（1）由各地表覆盖类型所占面积可知，江西省南、北部的 GlobeLand30 数据中的地表覆盖类型以耕地、林地为主，草地、水体、人造地表为辅，其中耕地、林地的精度高，与参考数据中的耕地及林地基本一致；其余地表覆盖类型，无论在面积误差还是形状一致性上，与参考数据都存在较大差异。

（2）消除不同地表覆盖类型边界处的像元，会使 GlobeLand30 的总体精度及 Kappa 系数提高：在这种情况下，江西北部总体精度为 83.56%，Kappa 系数为 0.73；南部总体精度为 78.12%，Kappa 系数为 0.53。因而相对来说，北部的分类精度比南部高。在地表覆盖类型所占面积方面，造成北部、南部不同的原因可能是北部草地、湿地、水体及人造地表的面积比南部的多，地表覆盖类型越稀疏，像元数越少，则像元更容易出现漏分或者错分的现象。

此外，耕地、林地及水体的所占面积差别较大，但在面积误差及形状一致性方面则都具有较高的精度，这表明地表覆盖分类的精度与其地表覆盖的面积大小呈非正相关。地表覆盖类型的分类精度与其分布密度、地形因子以及空间分布等的相关性需要进一步深入探讨和分析。

第6章 基于景观形状的地表覆盖遥感产品精度验证方法

6.1 地表覆盖遥感产品精度评定总体流程

传统抽样方法如随机抽样、分层抽样等是基于抽样随机性的统计判断，忽略了空间数据的空间异质性属性，使样本的布设具有很大的局限性，影响最终评定结果。景观形状指数是景观生态学中的概念，是衡量地表覆盖斑块之间空间异质性的指标（梁进社，2004；Yang et al.，2017）。本研究提出一种顾及景观形状的地表覆盖遥感产品精度评定方法，将地表覆盖斑块之间的空间异质性进行数据化，为地表覆盖数据层间样本量分配、样本空间布设等提供定量化依据。本研究对江西省 GlobeLand30 数据分别采用分层随机抽样、顾及景观形状的抽样方法进行样本布设，结合 Landsat TM 影像、LUCC 数据、实际地面数据等对地表覆盖遥感产品进行精度评定（图 6-1）。最后对分层随机抽样与顾及景观形状的抽样方法的精度评定结果进行对比分析，判断顾及景观形状的精度评定方法的可行性，得到最终结论。

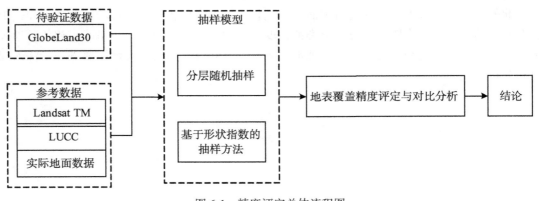

图 6-1　精度评定总体流程图

6.2 顾及景观形状的地表覆盖精度评定方法设计

本研究提出了一种顾及景观形状的地表覆盖精度评定方法，该方法结合景观形状指数，对传统的分层随机抽样方法进行改进，使其适用于高分辨类别地表覆盖遥感产品精度评定，具体流程如图6-2所示。

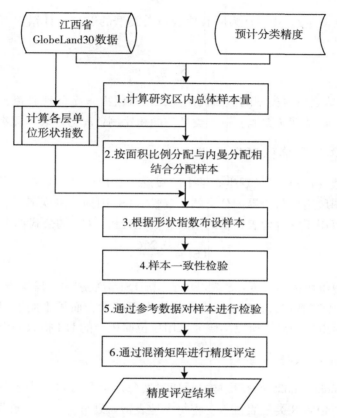

图 6-2　顾及景观形状的地表覆盖精度评定方法流程图

6.2.1　样本量确定

在以往精度评定工作中，研究区域内总体样本量的确定主要根据前人的经验值或固定值，缺乏合理的理论基础，未能选取最为合适的样本数量（Tsutsumida et al.，2015；黄冬梅等，2016）。为了避免这一现象，本研究中样本量的确定是根据传统的概率统计理论，通过控制抽样误差，给定允许的最大预计错误率进行计算，样本量计算公式如下：

$$n = \frac{\dfrac{\mu_{1-\alpha/2}^2(1-P)}{r^2P}}{1+\dfrac{1}{N}\left(\dfrac{\mu_{1-\alpha/2}^2(1-P)}{r^2P}-1\right)} \tag{6-1}$$

式中，n 为所需样本量；$\mu_{1-\alpha/2}$ 为置信度取97.5%时标准正态分布临界值；P 为综合预计错误率，按式（6-3）进行计算；r 为抽样误差，本研究取值为0.1；N 为样本总量。当 N 足够大时，式（6-1）可简化如下：

$$n = \frac{\mu_{1-\alpha/2}^2(1-P)}{r^2 P} \tag{6-2}$$

式（6-1）、式（6-2）中，P 为所有地表覆盖类型的综合预计错误率，其计算公式如下：

$$P = \sum_{i=1}^{m} p_i \cdot W_i \tag{6-3}$$

式中，p_i 为第 i 类地表覆盖类型的预计错误率，该数值由《全球地表覆盖遥感产品研制总结报告》中给出；W_i 为第 i 类地表覆盖类型的面积比例；m 为地表覆盖类型总数。

6.2.2　计算各层单位形状指数

景观形状指数（LSI）是景观生态学中的概念，是量化分析景观格局的指标。地表覆盖验证目标即为图斑边界与边界内分类的正确性，LSI 则描述景观形状，所以景观形状指数越来越多地被应用于评价地表覆盖的格局和变化分析。LSI 的公式如下：

$$\text{LSI} = \frac{0.25C}{\sqrt{S}} \tag{6-4}$$

式中，C 为景观中斑块边界长度；S 为斑块面积。LSI 指数越大，斑块破碎程度越高。

从式（6-4）不难看出，LSI 随斑块面积增大而增大，面积不同的斑块之间，无法直接用 LSI 衡量其异质性差异。所以本研究采用单位面积上的 LSI 指数来消除该影响。

6.2.3　计算每层样本量

本研究中，GlobeLand30 的每层样本量通过按每层面积权重与内曼分配相结合的方式进行分配。江西省包含 8 类地表覆盖，将每类地表覆盖划分为一层。首先，将江西省总体样本量通过每类地表覆盖面积权重将样本分配到每层；然后，根据经典的样本量内曼分配公式对样本量进行重新分配；最后，进行人工调整，得到最终每层样本量。其中，内曼分配公式如下：

$$N_i = N \times \frac{S_i \cdot W_i}{\sum S_i \cdot W_i} \tag{6-5}$$

式中，N_i 表示第 i 层的样本量；N 为总样本量，S_i 与 W_i 为第 i 层的标准差和面积比例。其中 S_i 代表第 i 类地表覆盖的空间变异程度，其值越大，表示该类地表覆盖空间分布越复杂，本研究选用 LSI 作为 S_i，需要说明的是 LSI 为该层所有单元格网景观形状指数的平均值。

6.2.4　样本布设

采样区的破碎程度影响样本代表性，在破碎程度较低的地方取样，会造成样本相似性较高，使其代表性和抽样效率都明显降低，使最终的评定结果产生更大的误差。因此，逐层计算单位形状指数，表示该层数据的破碎程度，并通过设置合理阈值来布设样本。

验证区域内地表覆盖破碎程度越大，即 LSI 越大，其单位面积上的样本数量应该越多，布设样本时，将层间样本再次划分为两部分。本研究中，选取每层地物覆盖的 LSI 指数平均值作为阈值，将每层样本分为两部分：高于阈值的部分为 HLSI，其破碎程度较高；其余部分为 LLSI，其破碎程度较低。HLSI 与 LLSI 的区域样本数量之比应近似等同于它们的破碎程度之比，即其形状指数之比。

6.2.5　样本一致性检验

地表覆盖遥感产品地物边缘分类较为模糊，此处的样本点无法保证验证点内样本为同一地物，并且科研人员对于此处的目视解译工作容易出现错误，所以地表覆盖遥感产品地物边缘处的采样点代表性较差。为了避免这一现象，本研究对样本进行一致性检验。样本的一致性检验即在样本点布设后，选取样本点周围一定区域，判断区域内该样本点代表地表覆盖类型所占面积比例的过程。样本一致性检验时需要以采样点为中心，得到一个矩形缓冲区，然后利用 ArcGIS 中的"分区统计"功能得到样本一致性数据。

6.3　基于景观形状指数的产品验证方法实证及分析

为了验证本研究精度评定方法的可行性，利用全球地表覆盖遥感制图数据产品（GlobeLand30）对顾及景观形状的地表覆盖遥感产品精度评定方法进行实证分析，同时对相同数据进行分层随机抽样作为对比实验，以及实地考察，最终通过对比分析得到实验结论。

6.3.1　样本量计算

本节旨在计算实验区域内总体样本量，再进行精度评定工作，样本量计算具体流程如图 6-3 所示。

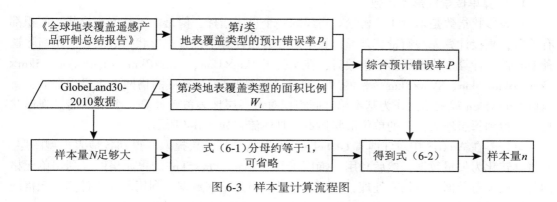

图 6-3　样本量计算流程图

本研究以江西省作为一个整体，通过《全球地表覆盖遥感产品研制总结报告》一文中获得江西省各地表覆盖类型的预计错误率 p_i，同时根据 GlobeLand30 数据计算江西省各地表覆盖类型面积比例 W_i，通过式（6-3）计算综合预计错误率 P；又因 GlobeLand30 样

本量 N 足够大，式（6-1）中分母计算约等于 1，式（6-1）可简化为式（6-2）。将 P 值代入式（6-2）中，同时取抽样误差 r 为 0.1，$\mu_{1-\alpha/2}$ 为置信度取 97.5% 时标准正态分布临界值，以单个像元为样本尺度计算得到江西省抽样样本总量，如表 6-1 所示。

表 6-1　　　　　　　　　　　　　　　　样本总量计算表

序号	类型	像元个数	面积比（%）	预计分类精度	P 值（%）	样本总量
1	耕地	51520718	27.78	0.8		
2	林地	109173022	58.86	0.85		
3	草地	13435452	7.24	0.7		
4	灌木地	95196	0.05	0.7		
5	湿地	2358873	1.27	0.7		
6	水体	4964609	2.68	0.85		
7	人造地表	3629407	1.96	0.8		
8	裸地	305662	0.16	0.85		
计算结果					17.77	1777

6.3.2　顾及景观形状的精度评定方法

本节主要介绍顾及景观形状指数的精度评定方法的具体实施过程，计算单位景观形状指数并确定最终布样方法后，以 Landsat TM5 以及全国遥感监测土地利用/覆盖分类数据作为地表真实数据，对 GlobeLand30 数据进行精度评定，最终得到误差矩阵以及 Kappa 系数等精度评定指数，证实该方法真实可靠。

1. 计算单位景观形状指数

景观形状指数是本量化分析景观格局的一个重要指标，但是由于其值与形状、面积都有关联，直接计算无法衡量其差异，故本研究采用计算单位景观形状指数的方法来消除这种差异性。计算平均景观形状指数时，在实验了 1km×1km、3km×3km、4km×4km、5km×5km、6km×6km、8km×8km 等格网后，通过目视发现 5km×5km 的格网大小最为合适，所以取 5km×5km 规则格网作为基本单元面积，对每一层地表覆盖计算每个格网的景观形状指数，得到每层地表覆盖的单位形状指数，具体流程如图 6-4 所示。

首先，在 ArcGIS 中对江西省 GlobeLand30 数据进行分层提取，得到各地表类型图层，并将其转化为矢量数据，然后利用"渔网工具"创建 5km×5km 的单元格网。利用单元格网与各层矢量数据进行相交处理，得到各层类型单元格网数据，利用属性表计算单元格网内部面积以及周长，并根据式（6-4）计算得到景观形状指数，如图 6-5 所示。

图 6-5 为以林地为代表的单位景观形状指数图，左图为林地的整体单位形状指数图，右图为其局部放大。从图 6-5 中可以看出，景观形状指数数值越大，代表地表覆盖斑块的破碎程度越大。将林地整体单位景观形状指数做成热力图（图 6-6）的形式，图中简单地

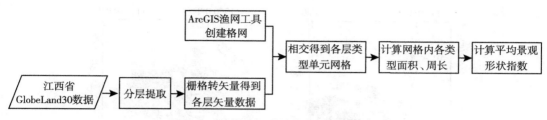

图 6-4　单位景观形状指数计算流程图

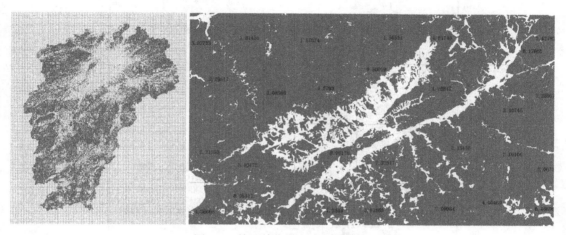

图 6-5　林地单位景观形状指数图

将林地的单位景观形状指数分为 5 个等级，颜色由绿到红逐渐过渡。由图 6-6 可以看出，单元格内地表覆盖类型越简单，单位景观形状指数越小，其颜色越接近于绿色；地表覆盖类型越复杂，即斑块越破碎，单位景观形状指数越大，其颜色越接近于红色。

2. 层间样本量

在本研究精度评定的过程中，按内曼分配与按面积比例分配相结合的样本分配模式分配样本量，具体流程如图 6-7 所示。

首先计算江西省各地表覆盖类型的面积比例 W_i，将 6.2.1 小节计算的样本总量 N 按面积比例分配到各层中；然后对于式（6-5）中 S_i，本研究中选取各地表覆盖类型的平均景观形状指数（LSI），因为 S_i 代表第 i 类地表覆盖的空间变异程度，其值越大，该地表覆盖类型空间分布越复杂，同时 LSI 表示斑块破碎程度，可以表示 S_i。最后，将 W_i、S_i 以及 N 代入式（6-5）中计算每层样本量，得到内曼分配后的样本量。由表 6-2 可以看出，草地的 LSI 指数偏大，其斑块较为破碎，应提高其抽样样本比例。而内曼分配抽样数目明显多于按面积比例抽样后的样本数目，由此可知内曼分配更加合理。同时，灌木地和裸地面积比例较小，抽样数目较少，为了保证精度评定工作的顺利进行，在保证总体抽样数目不变的情况下，对各层样本数进行最后调整，调整后的样本数目如表 6-2 所示。

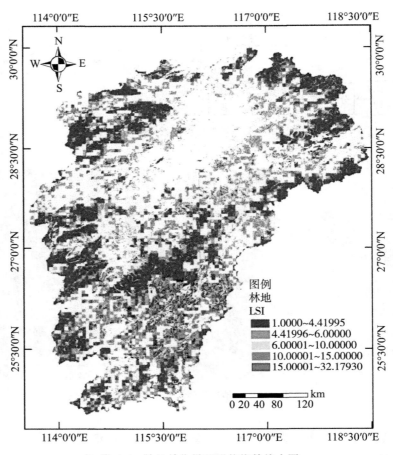

图 6-6 林地单位景观形状指数热力图

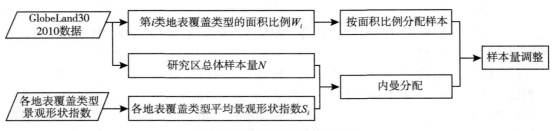

图 6-7 层间样本量计算流程图

表 6-2 层间样本量分配

层	类型	面积比（%）	LSI	按面积比例分配	内曼分配	调整后
1	耕地	27.78	6.3996	493	437	410
2	林地	58.86	7.3437	1046	1064	1017

层	类型	面积比（%）	LSI	按面积比例分配	内曼分配	调整后
3	草地	7.24	12.6453	129	225	180
4	灌木地	0.05	7.6281	1	1	15
5	湿地	1.27	2.5516	23	8	33
6	水体	2.68	3.8864	47	26	41
7	人造地表	1.96	2.6156	35	13	61
8	裸地	0.16	6.8316	3	3	20

3. 样本布设

采样区内的地表覆盖斑块破碎程度影响采样样本的代表性，在破碎程度较低区域内取样，容易造成样本间相似性较高，样本的代表性和抽样效率都明显降低，使最终评定结果产生更大的误差，所以在层间样本量计算完毕后，需要进行层内样本量的分配，然后进行区域间采样，分配步骤如图 6-8 所示。

（1）根据各地表覆盖类型的景观形状指数 LSI，计算该地表覆盖类型平均景观形状指数 rLSI。

（2）比较各单元格网内的景观形状指数是否大于 rLSI：如果大于 rLSI，其格网内地物斑块破碎程度较高，将其划分为 HLSI 区域；若小于 rLSI，其格网内地物斑块破碎程度较低，将其划分为 LLSI 区域。

（3）计算 HLSI 区域与 LLSI 区域内的平均景观形状指数 rHLSI 与 rLLSI。

（4）计算 rHLSI 与 rLLSI 的比值 m。

（5）根据比值 m 以及样本量 n，进行层间样本分配，使得 rHLSI 与 rLLSI 区域样本量之比等于 m，如表 6-3 所示。

表 6-3 层内样本分配表

层	类型	样本数量	取样比例	HLSI 取样数目	LLSI 取样数目
1	耕地	410	2∶1	273	137
2	林地	1017	2.5∶1	726	291
3	草地	180	2∶1	120	60
4	灌木地	15	2∶1	10	5
5	湿地	33	1.8∶1	21	12
6	水体	41	2∶1	27	14
7	人造地表	61	2∶1	41	20
8	裸地	20	3∶1	15	5

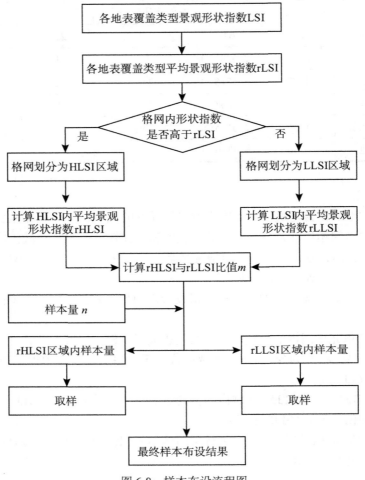

图 6-8 样本布设流程图

（6）分别在 rHLSI 以及 rLLSI 区域内进行取样，由于在一般情况下，取样区与取样区之间的最小距离为产品分辨率的 10 倍，故本次取样距离为 3km，可以最大可能地减少样本间的相关性。

（7）将两个区域内所取样本进行合并，得到最终取样结果，具体取样结果如图 6-9 所示。

4. 样本一致性检验

样本一致性检验是保证采样点布设合理性的重要依据，本研究中对所布设的样本点进行一致性检验，以保证精度评定结果的准确性，具体流程如图 6-10 所示。

本研究中，样本一致性检验区域的大小选取样本点周围 3×3 的像素区域，即 90m×90m 的方形区域面积。因为利用 ArcGIS 在软件中创建缓冲区时，只能创建圆形缓冲区，所以本研究在样本一致性检验时首先在样本点周围建立圆形缓冲区，随后在圆形缓冲区外

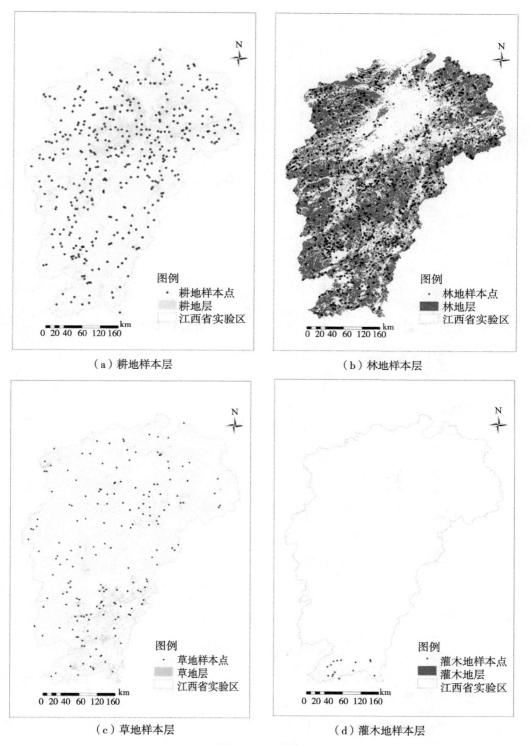

（a）耕地样本层　　　　　　　　　　（b）林地样本层

（c）草地样本层　　　　　　　　　　（d）灌木地样本层

图 6-9　各层样本布设图（一）

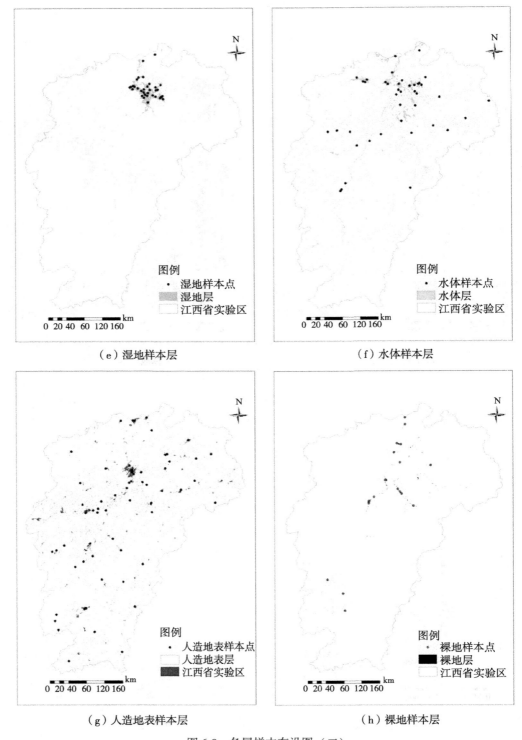

（e）湿地样本层　　　　　　　　　　（f）水体样本层

（g）人造地表样本层　　　　　　　　（h）裸地样本层

图 6-9　各层样本布设图（二）

图 6-10　样本一致性检验流程图

建立外接四边形，得到样本检验区。而缓冲区半径的大小则由样本一致性检验区域的大小决定，由于样本检验区的大小为 90m×90m，所以样本检验区内切圆的直径长度为 90m，即缓冲区直径为 90m（图 6-11）。

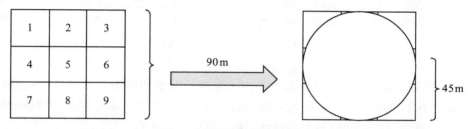

图 6-11　缓冲区半径计算示例图

得到样本检验区后，在 ArcGIS 中，利用分区统计的功能，对样本检验区和 GlobeLand30 数据进行分区统计，得到样本区域内地表覆盖类型代码中位数、众数等信息（图 6-12），其中 "VARIETY" 一列代表检验区域内地表覆盖类型的数量，"MEDIAN" 一列代表检验区域内地表覆盖类型代码的中位数，通过这两列可判断该处检验区域的样本一致性。例如，人造地表的代码为 80，若 "VARIETY = 1"，则该检验区域内的样本一致性为 100%；若 "VARIETY > 1" 且 "MEDIAN = 80"，则该检验区域内的样本一致性大于 50%，否则其他情况则为样本一致性小于 50%。利用 ArcGIS 进行分区统计后再汇总分析，利用 Excel 百分比堆积柱形图工具将样本一致性结果表达如图 6-13 所示。

Rowid	FID	COUNT	AREA	MIN	MAX	RANGE	MEAN	STD	SUM	VARIETY	MAJORITY	MINORITY	MEDIAN
40	39	9	8100	10	80	70	56.666666	32.998318	510	2	80	10	80
43	42	9	8100	10	80	70	72.222221	21.998878	650	2	80	10	80
52	51	9	8100	10	80	70	72.222221	21.998878	650	2	80	10	80
54	53	9	8100	10	80	70	33.333332	32.998318	300	2	10	80	10
1	0	9	8100	80	80	0	80	0	720	1	80	80	80
2	1	9	8100	80	80	0	80	0	720	1	80	80	80
3	2	9	8100	80	80	0	80	0	720	1	80	80	80
4	3	9	8100	80	80	0	80	0	720	1	80	80	80
5	4	9	8100	80	80	0	80	0	720	1	80	80	80
7	6	9	8100	80	80	0	80	0	720	1	80	80	80
8	7	9	8100	80	80	0	80	0	720	1	80	80	80
9	8	9	8100	80	80	0	80	0	720	1	80	80	80
10	9	9	8100	80	80	0	80	0	720	1	80	80	80
11	10	9	8100	80	80	0	80	0	720	1	80	80	80
12	11	9	8100	80	80	0	80	0	720	1	80	80	80
14	13	9	8100	80	80	0	80	0	720	1	80	80	80
15	14	9	8100	80	80	0	80	0	720	1	80	80	80

图 6-12　分区统计结果示例图

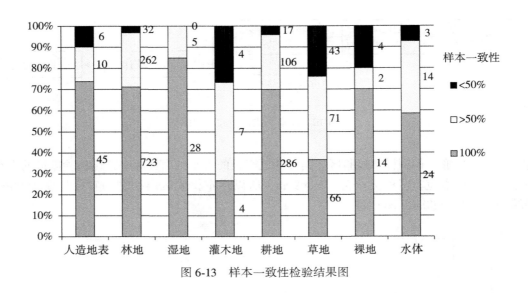

图 6-13　样本一致性检验结果图

由图 6-13 可以看出，除草地、裸地、灌木地外，其余地表覆盖类型样本一致性大于 50% 的区域皆达到 90% 以上，造成这一现象的原因是：①草地、灌木地地物斑块破碎，且多零散分布于林地内部；②顾及景观形状的精度评定方法进行了层内样本分配，在破碎严重的地物斑块处所分配样本较多；③灌木地、裸地布设的样本量较少，单个样本对总体精度影响较大。人造地表、林地、耕地、裸地、湿地样本一致性达到 100% 的样本区域数量达到 70% 以上，水体、草地、灌木地则较低，除上面的三点原因外，水体的线状分布也是出现这一现象的原因，同时这一现象也侧面反映了该精度评定方法采样时可顾及较为破碎的地物。

5. 样本点判读

本研究中，精度评定方法的样本尺寸即为 GlobeLand30 的像元大小，即为 30m，主要参考数据为同期的 30m 分辨率的 Landsat TM5 影像以及由中国科学院地理科学与资源研究所提供的全国遥感监测土地利用/覆盖分类数据（LUCC），具体流程如图 6-14 所示。

地物判读过程主要通过目视解译的方式进行，将参考数据与 GlobeLand30 数据配准、叠加，然后对样本点的真实属性在 TM 影像上进行目视解译，在样本属性表对应类别下做标记，即若该处样本点为此类别则为 1，否则为 0，如图 6-15 所示为耕地目视解译时所使用的属性表。目视解译时，不同的地物需要不同的波段进行组合，便于判断（图 6-16）。同时由于 TM 影像分辨率较低，草地、灌木地等类别通过目视解译的方式无法从影像中直接判读，所以对某处类似样本进行判读时，需要首先在 Landsat TM5 影像中直接判读该样本的大体分类，若为水体、人造地表等类别，则可直接判读，否则需要根据全国遥感监测土地利用/覆盖分类数据（LUCC）进行二次判读，判断该样本的地物特征。

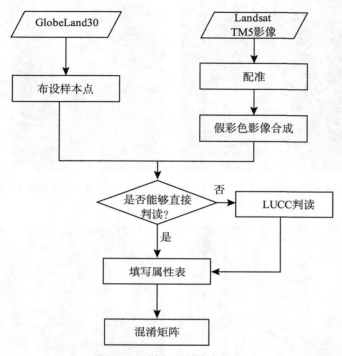

图 6-14 样本点判读流程图

	FID	Shape *	CID	耕地	林地	草地	灌木地	湿地	水体	人造地表	裸地
▶	0	点	0	0	0	0	0	0	0	1	0
	1	点	0	1	0	0	0	0	0	0	0
	2	点	0	1	0	0	0	0	0	0	0
	3	点	0	1	0	0	0	0	0	0	0
	4	点	0	1	0	0	0	0	0	0	0
	5	点	0	1	0	0	0	0	0	0	0
	6	点	0	1	0	0	0	0	0	0	0
	7	点	0	1	0	0	0	0	0	0	0
	8	点	0	1	0	0	0	0	0	0	0
	9	点	0	1	0	0	0	0	0	0	0
	10	点	0	0	1	0	0	0	0	0	0
	11	点	0	0	1	0	0	0	0	0	0
	12	点	0	1	0	0	0	0	0	0	0
	13	点	0	1	0	0	0	0	0	0	0

图 6-15 目视解译属性表示例图

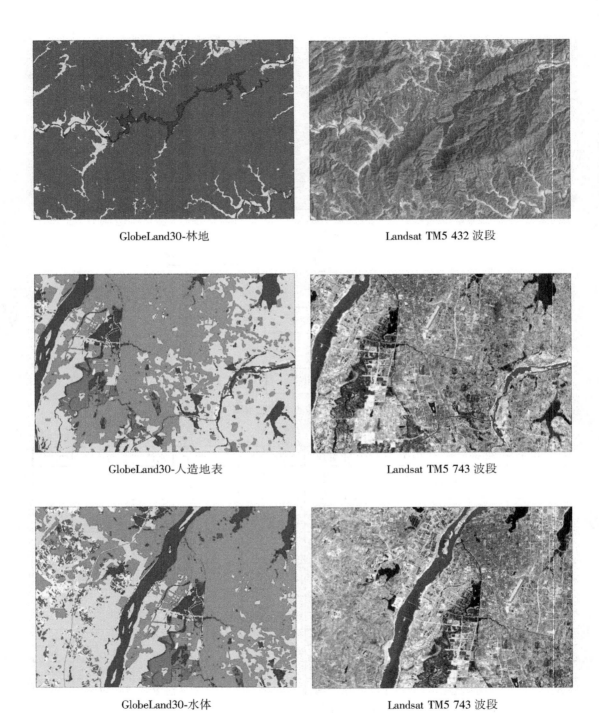

GlobeLand30-林地   Landsat TM5 432 波段

GlobeLand30-人造地表   Landsat TM5 743 波段

GlobeLand30-水体   Landsat TM5 743 波段

图 6-16　Landsat TM 波段组合示例图（一）

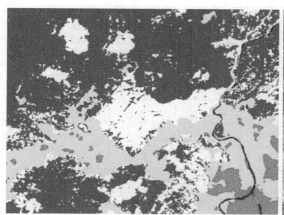
GlobeLand30-灌木地

Landsat TM5 432 波段

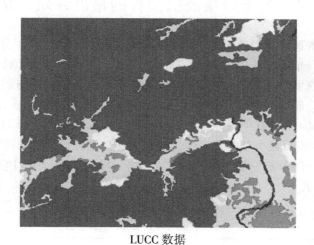
LUCC 数据

图 6-16　Landsat TM 波段组合示例图（二）

通过上述方法对 2010 年江西省 GlobeLand30 数据进行精度评定，得到精度评定结果如表 6-4 所示，其中精度评定的总体精度为 86.7%，根据计算，其 Kappa 系数为 0.7764。

表 6-4　　　　　　　　　　　　　　　　误差矩阵表

被评价影像		参 考 影 像								
		耕地	林地	草地	灌木地	湿地	水体	人造地表	裸地	用户精度（%）
	耕地	372	32	2	2	0	0	2	0	90.73
	林地	45	951	11	2	0	5	3	0	93.51
	草地	33	50	77	2	3	3	12	0	42.78

续表

		耕地	林地	草地	灌木地	湿地	水体	人造地表	裸地	用户精度（%）
		参　考　影　像								
被评价影像	灌木地	0	11	0	4	0	0	0	1	25.00
	湿地	0	0	0	0	29	3	1	0	87.88
	水体	0	0	0	0	0	40	1	0	97.56
	人造地表	2	1	0	0	0	0	58	0	95.08
	裸地	2	3	0	0	1	1	3	10	50.00
制图精度（%）		81.94	90.74	85.56	40.00	87.88	76.92	72.50	90.91	OA = 86.7%

6.4　基于分层随机抽样的精度评定方法

为了验证顾及景观形状指数精度评定方法的可靠性，本研究利用分层随机抽样的方法对研究区进行抽样、布样，并以 Landsat TM5 以及全国遥感监测土地利用/覆盖分类数据（LUCC）作为地表真实数据对 GlobeLand30 数据进行精度评定，并与顾及景观形状指数的精度评定方法对比，最终达到验证的目的，具体流程如图 6-17 所示。

计算研究区 GlobeLand30 中每一类地表覆盖类型的面积比例，结合 6.3 节中确定的样本量 n，计算每层地表覆盖类型的样本量，各地表覆盖类型所分配的样本量如表 6-5 所示。采样时，按照产品空间分辨率的 10 倍，即 3km 的采样间隔进行层间的随机采样，得到采样结果如图 6-18 所示。

表 6-5　　　　　　　　　　　层间样本分配表

层	类型	面积比（%）	按面积比例分配
1	耕地	27.78	493
2	林地	58.86	1046
3	草地	7.24	129
4	灌木地	0.05	1
5	湿地	1.27	23
6	水体	2.68	47
7	人造地表	1.96	35
8	裸地	0.16	3

得到采样结果后，为保证采样结果的可用性，需对采样结果进行样本一致性分析，具体过程与本章所设计的顾及景观边界指数的分析过程相同，分析结果如图 6-19 所示。由

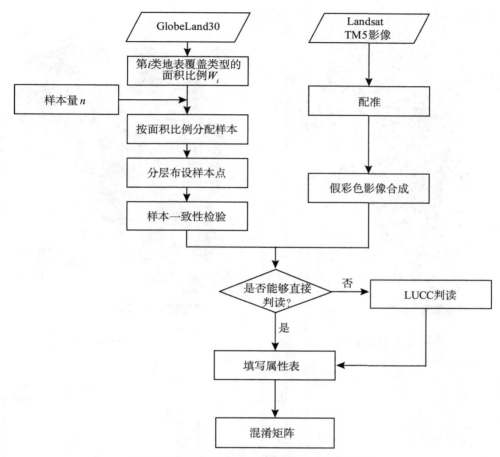

图 6-17 基于分层随机抽样的精度评定流程图

于基于分层随机抽样的精度评定方法在进行层间样本分配时，灌木地与裸地所分配的样本量较少，基本可以忽略不计，故本小节中不讨论这两种地表覆盖类型的样本一致性情况。

由图 6-19 可以看出，基于分层随机抽样的精度评定方法的样本一致性检验结果，与顾及景观形状的精度评定方法的样本一致性检验所得到的结果相似。其中，除草地、水体外，其余地表覆盖类型样本一致性大于 50% 的区域面积比例达到 90% 以上；人造地表、林地、湿地、耕地的样本一致性为 100% 的区域面积比例为 70% 以上。图 6-19 中的这一现象也说明 6.2.1 小节中对于样本一致性检验结果分析的可靠性。

样本一致性检验通过后需对样本点的类别信息进行判断，本研究中分层随机抽样后地物判读过程同样通过目视解译的方式进行，同时利用全国遥感监测土地利用/覆盖分类数据（LUCC）进行辅助判读，以保证判读结果的准确性。最后，得到基于分层随机抽样的精度评定方法的误差矩阵，如表 6-6 所示，精度评定的总体精度为 85.92%，其 Kappa 系数为 0.7267。

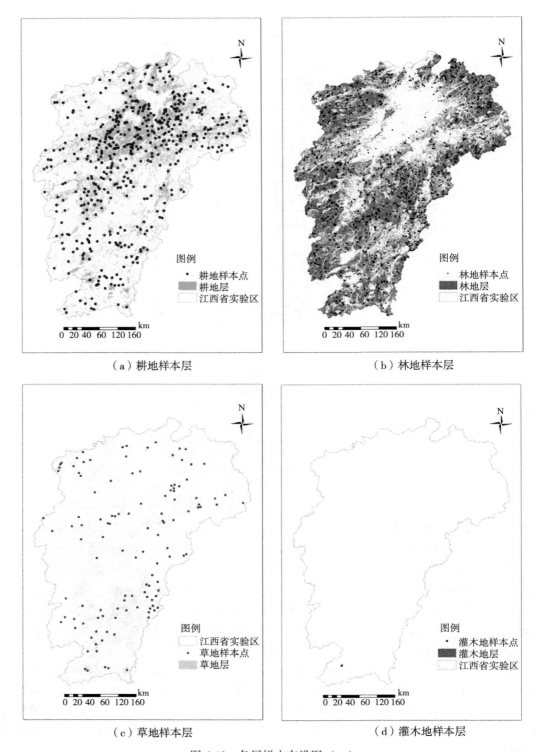

图 6-18　各层样本布设图（一）

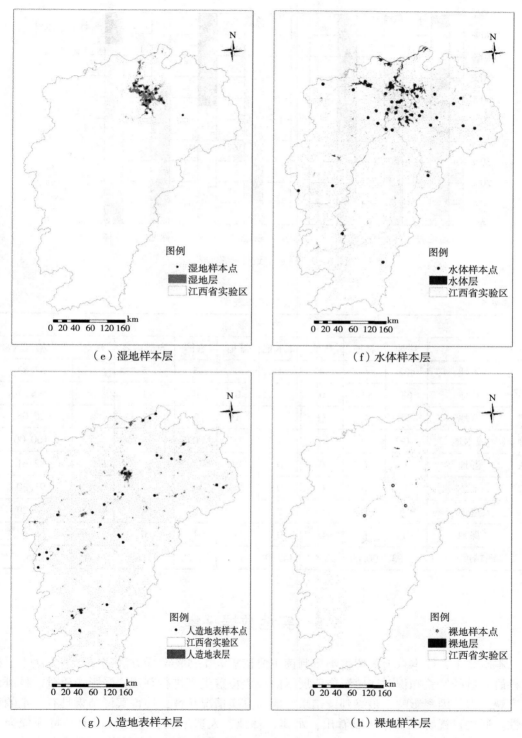

（e）湿地样本层

（f）水体样本层

（g）人造地表样本层

（h）裸地样本层

图 6-18 各层样本布设图（二）

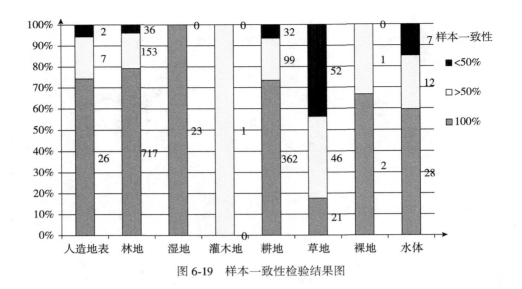

图 6-19 样本一致性检验结果图

表 6-6 误差矩阵表

		参 考 影 像							
		耕地	林地	草地	灌木地	湿地	水体	人造地表	裸地	用户精度（%）
被评价影像	耕地	433	47	2	1	0	5	5	0	87.83
	林地	63	836	0	2	5	4	1	0	92.27
	草地	35	45	31	3	1	2	2	0	26.05
	灌木地	0	0	0	1	0	0	0	0	100.00
	湿地	1	0	0	0	19	3	0	0	82.61
	水体	1	0	0	0	2	42	1	0	91.30
	人造地表	2	0	0	0	0	0	33	0	94.29
	裸地	0	0	0	0	0	1	0	2	66.67
制图精度（%）		80.93	90.09	93.94	14.29	86.36	73.68	78.57	100	OA＝85.92%

6.5 实地数据采集

本研究中，样本点地表覆盖类型判读主要依靠人工目视解译方法完成。该方法主要根据科研人员的经验知识对遥感影像所展示的地表覆盖类型进行判读，受影像质量、科研人员主观意识等因素影响，最终判读结果可能与真实情况相悖，使得解译结果具有一定的局限性。通过目视解译工作可以看出，水体、林地、人造地表、湿地、裸地等特征较为明显，易于判读，而灌木地、草地等在 Landsat TM5 影像中地物特征模糊、不易分辨，且灌木地面积较小，与林地混杂出现，使得判读工作更加困难，为了减小因样本点判读失误所带来的影响，项目小组分别于 2017 年 5 月与 6 月在江西省进行实地数据采集工作。

通过实地考察以及走访调查，我们发现江西省耕地分布较为集中，除北部平原地区外，同时在山区沿山谷分布（图 6-20），部分山区的山坡上会开垦出梯田；水资源丰富，河流、沟渠较多，但是因为多数沟渠河流水面宽度不足 90m，未达到线状水面提取的最小图斑尺寸，GlobeLand30 数据部分未能将其提取出来。江西省部分山区种植柑橘、茶叶等经济作物，其地表覆盖类型归类较为模糊，而 GlobeLand30 在产品制作过程中对地表覆盖类型分类容易模糊的部分做了明确界定：GlobeLand30 中，咖啡树、茶树等灌木类经济作物划分为耕地，不作为灌木地类型，果树、桑树或其他树木间种粮食农作物的土地归为耕地类型。

图 6-20　样本点与实地考察对照图

6.5.1　江西省北线实地采集工作

北线采集工作共采集 83 个样本点作为特征点，包括水体、林地、人造地表、耕地四大地表覆盖类型。在验证过程中，首先将样本点的 GPS 坐标转化为平面坐标，随后利用样本点的 X、Y 坐标将样本点导入 ArcGIS 中进行展点，得到实地采样点数据。将实地采样点数据与 GlobeLand30 数据叠加，查看实地样本点数据的实际地表覆盖类型与其所对应的 GlobeLand30 制图类型是否一致。在实地样本点数据的属性表中添加一 "TorF" 列，若二者类型一致，该处样本点的 "TorF" 属性为 0，否则该处样本点属性为 1，最终用统计的 "TorF" 属性为 0 的样本点个数除以总采样数目，即得地表覆盖遥感产品的总体精度。根据上述验证方法，对于北线采集区全部 83 个点，验证结果的总体精度为 53.01%，其中：

（1）耕地样本点 36 个，27 个样本点与图上类型相同，制图精度为 75%；

（2）林地样本点 15 个，10 个样本点与图上类型相同，制图精度为 66.67%；

（3）其他样本点 32 个，7 个样本点与图上类型相同，制图精度为 21.87%。

验证结果表明，除耕地的制图精度达到 75% 以外，林地、人造地表和水体的制图精度较低。造成这一现象的原因是：①采集的样本点数目较少，单个采样点对总体精度影响较大；②本研究中所使用的 GlobeLand30 数据展示的为 2010 年地表覆盖类型，而实地数据采集工作是在 2017 年开始进行的，部分地表覆盖类型发生变化；③江西省多为山地，村庄大多依山而建，村落分布零散，人造地表面积较小，且部分居民地、林地相间分布，导致该部分人造地表在分类时被漏分，如图 6-21 所示，该处村庄位于山顶部位，四周分布着茂密的山林，其在 GlobeLand30 数据上分类为林地；④江西水资源丰富，但是部分水面面积未达到分类所要求的最小图斑面积，导致水体被漏分；⑤水体的枯水期与丰水期也是影响水体分类的重要因素。

图 6-21　村庄分布示例图

6.5.2　江西省南线实地采集工作

江西省实地采集工作南线部分于 2017 年 6 月进行，此次实地采集工作共采集 460 个样本点，包括水体、林地、人造地表、耕地、灌木地、草地 6 个地表覆盖类型，部分地表覆盖类型实地采集情况如图 6-22 所示。本次实地采集工作使用集思宝 A3S 型手持 GPS，支持 BDS/GPS/GLONASS 全星座卫星接收，其单点定位精度为 2~5m，且可直接将采样点导出为 ".shp" 格式的数据集，在验证过程中，直接将 ".shp" 导入 ArcGIS 软件之中，无需再进行坐标转换以及展点工作。随后，将实地点位数据与 GlobeLand30 数据进行叠加，查看实地点位数据的实际地表覆盖类型与其所对应的 GlobeLand30 制图类型是否一致，利用添加的 "TorF" 列记录对比结果，若二者类型一致，该处样本点的 "TorF" 属性为 0，否则该处样本点属性为 1。根据上述验证方法，对于南线采集区全部 460 个点，验证结果的总体精度为 58.04%，其中：

（1）耕地样本点 171 个，150 个样本点与图上类型相同，制图精度为 87.82%；

（2）人造地表样本点 106 个，56 个样本点与图上类型相同，制图精度为 52.83%；

（3）草地样本点 48 个，26 个样本点与图上类型相同，制图精度为 54.17%；

（4）水体样本点 15 个，5 个样本点与图上类型相同，制图精度为 41.67%；

（5）其他样本点 120 个，30 个样本点与图上类型相同，制图精度为 25%。

江西省实地采集南线工作验证结果表明，除耕地的制图精度达到 87.82% 以外，草地、人造地表、林地等的制图精度较低，这一结果与北线验证结果相似。产生这一现象的原因包括：①本研究实地采集工作为人工实地样本采集，部分地区由于地形限制，样本采集难度较大，如水体采点时只能在水体边界采点，林地采点时无法进入林地内部，导致样本点处于边界位置。而进行内业处理时，由于年代变化以及季节不同，导致地表覆盖类型斑块边界产生变化，使得该样本点类型属性发生改变，故而水体以及林地的制图精度较低。②GlobeLand30 数据上草地比例较高，但是在实地考察过程中发现，江西省草地比例较小，多分布在林地或道路周边，且部分草地为废弃的耕地，其地表覆盖类型应归属为耕地。③江西省水热条件优越，灌木地分布较少，GlobeLand30 上部分灌木地区实际为果园，而根据《全球地表覆盖遥感产品研制总结报告》中的规定，经济林地中，如果树、桑树或其他树木间种粮食农作物的土地不作为林地类型，归为耕地类型。

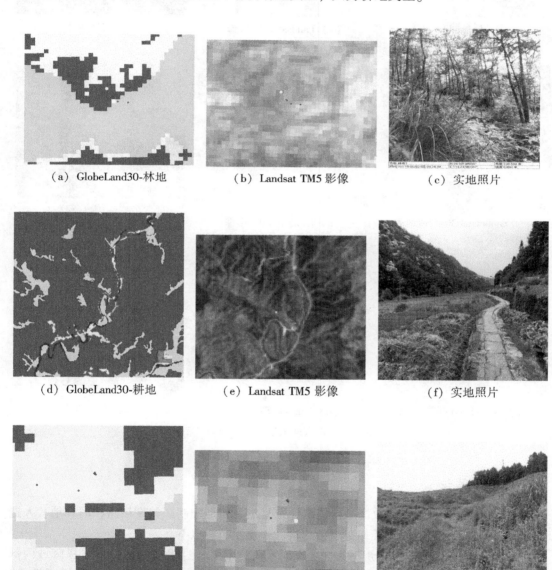

（a）GlobeLand30-林地   （b）Landsat TM5 影像   （c）实地照片

（d）GlobeLand30-耕地   （e）Landsat TM5 影像   （f）实地照片

（g）GlobeLand30-草地   （h）Landsat TM5 影像   （i）实地照片

图 6-22　实地数据采集情况示例图（一）

（j）GlobeLand30-水体　　　　　（k）Landsat TM5 影像　　　　　（l）实地照片

（m）GlobeLand30-人造地表　　　（n）Landsat TM5 影像　　　　　（o）实地照片

（p）GlobeLand30-灌木地　　　　（q）Landsat TM5 影像　　　　　（r）实地照片

图 6-22　实地数据采集情况示例图（二）

6.5.3　结论

通过对江西省实地采集数据进行精度评定显示，耕地的制图精度最高，而林地、人造地表以及水体的制图精度较低却是出乎意料，主要原因有以下几方面。

（1）GlobeLand30 数据分辨率为 30m，而本研究中采样过程中未能保证采样区域内部地物为单一地物，出现"混淆像元"现象，这导致可能会出现采样地物不是"混淆像元"内主要地物，即采样点地物属性与 GlobeLand30 图上类型无法保持一致。

（2）在进行实地数据采集时，由于地形、安全等多种因素限制，部分采样区域为地

表覆盖类型斑块边缘，如林地、水体等。由于年代变化以及季节不同，地表覆盖类型边缘
会出现扩大或缩小等变化，使得样本点属性与图上属性不一致。

（3）通过实地考察以及走访调查发现，江西省草地与灌木地分布极少，但是江西省
部分地区存在废弃的耕地、果园，同时部分山区种植柑橘、茶树叶或者更换当地树种，而
在 GlobeLand30 制图过程中，存在将这些斑块区域误判为草地、灌木地等的可能，这也解
释了 GlobeLand30 进行精度评定时，草地、灌木地的精度较低的现象（图6-23）。

（a）更换树种

（b）茶园

| 名称:草 | N:24.88865667° | 高度:246.700 m |
| 时间:2017年06月25日 14:52:33 | E:114.89672417° | 精度:0.680 m |

（c）荒废的耕地

图6-23　易错分地表覆盖类型示例图

（4）江西省多为山地，部分村庄依山而建，村落分布零散，人造地表面积较小，且
部分居民地、林地相间分布，导致该部分人造地表在分类时被漏分。

6.6　精度评定结果及分析

本研究中，为减少空间异质性对精度评定最终结果的影响，选取了单位景观形状指数作为采样时的限制规则。同时样本量的分配由原先的层间分配转变为层间分配与层内分配相结合的方式，使得样本点分布更为合理，避免地表覆盖完整地区过采样（图 6-24），顾及了地表覆盖破碎严重地区（图 6-25），使得采样结果更加合理。

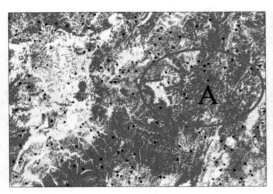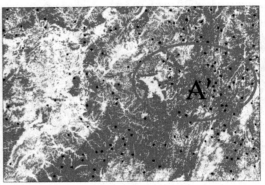

（a）基于 LSI　　　　　　　　　（b）分层抽样

图 6-24　地表覆盖完整地区样本分布图

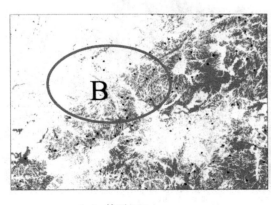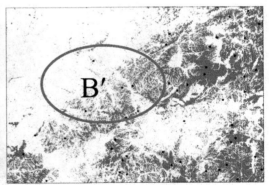

（a）基于 LSI　　　　　　　　　（b）分层抽样

图 6-25　地表覆盖破碎地区样本分布图

图 6-24 和图 6-25 以林地为例，列举了两种情况说明顾及景观形状的精度评定方法采样的优越性：①图 6-24 为 GlobeLand30 中林地平均景观形状指数较小的代表地区，该处的地表覆盖情况较为完整，总体样本量较多。但是，分层随机抽样所采集的样本密度（A′处）明显小于顾及景观形状的采样方法所采集的样本密度（A 处），这一结果表明顾及景观形状的采样方法能够有效避免采样区的过采样问题，减少样本的冗余，提高样本精度。

②图 6-25 为 GlobeLand30 中林地平均景观形状指数较大的代表地区，该处地表覆盖分布破碎，采用传统的采样方法采样较为困难（B′处）。顾及景观形状的采样方法能够顾及地表覆盖斑块破碎严重地区，在该地区进行样本点布设（B 处），避免欠采样问题，使得样本点分布更加全面，样本点更加具有代表性，避免最终精度评定结果过高或者过低。综上所述，顾及景观形状的采样方法能够避免样本布设时出现"集聚"或者样本不足的现象，使样本布设更加合理，减少样本布设过程对最终精度评定结果的影响，提高样本精度。

确定抽样方法后，根据上文中所描述的精度评定方法，分别对江西省 GlobeLand30 数据进行精度评定，得到对应的精度评定矩阵如表 6-7 所示，其 Kappa 系数分别为 0.7764 和 0.7267。同时对各个地物的制图精度与用户精度进行对比分析，得到制图精度对比图（图 6-26）与用户精度对比图（图 6-27）。

表 6-7 精度评定表

	抽样方法	耕地	林地	草地	灌木地	湿地	水体	人造地表	裸地	总体精度（%）
形状指数	制图精度（%）	81.94	90.74	85.56	40.00	87.88	76.92	72.50	90.91	86.70
	用户精度（%）	90.73	93.51	42.78	25.00	87.88	97.56	95.08	50.00	
分层抽样	制图精度（%）	80.93	90.09	93.94	14.29	86.36	73.68	78.57	100	85.92
	用户精度（%）	87.83	92.27	26.05	100.00	82.61	91.30	94.29	66.67	

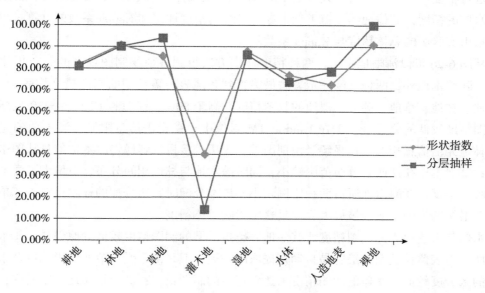

图 6-26 制图精度对比图

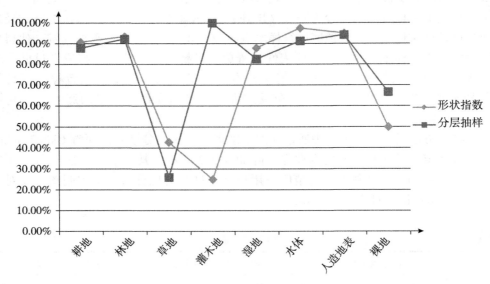

图 6-27　用户精度对比图

从表 6-7 中可以看出，顾及景观形状的精度评定方法与基于分层随机抽样的精度评定方法得到的总体精度分别为 86.70% 与 85.92%，这表明 GlobeLand30 产品在江西省具有较高的分类精度。虽然本研究中 GlobeLand30 的总体精度较高，但是其 Kappa 系数分别为 0.7764 和 0.7267，明显低于北京市实验区的 0.86（赵爽等，2017）。这是由于在北京实验区进行精度评定时，其研究人员受 TM 影像光谱限制，主要测试了人造地表、耕地、林地和水体的精度，其他地物覆盖类型未参与最终的精度评定和 Kappa 系数的计算过程，使得北京市实验区的总体精度与 Kappa 系数较高。

从图 6-26 可以清晰地看出，两种精度评定方法得到各地物制图精度的分布规律近乎一致，除灌木地外，两种精度评定方法最终得到各地表覆盖类型的制图精度均高于 70%，而耕地、林地、草地、湿地、裸地的制图精度均高于 80%。江西省 GlobeLand30 数据灌木地制图精度较低的原因是：①在 Landsat TM 影像中，受光谱信息限制，灌木地的光谱信息与林地光谱信息相似，目视解译识别困难，无法直接目视解译将灌木地信息从图中提取出来；②灌木地在江西省分布范围较小，同时灌木地与林地相间分布，更增大了灌木地的目视解译难度；③灌木地所占面积比例较小，样本分配时其所分配的样本量较少，单个样本点对最终精度的影响会被放大，但是这不影响总体精度。

水体与人造地表的制图精度比其他地表覆盖类型的制图精度较低的原因是：①水体虽然是所有地表覆盖类型中最容易自动化提取的一类，但是由于受季节变化影响以及水体与水田的区分度较低，水体的制图精度未达到理想的制图精度；②通过实地考察发现，江西省部分山区，人造地表面积较小或其分布形状呈带状，又与森林相间分布，部分人造地表被林地遮掩，导致图上人造地表斑块变小，未达到 GlobeLand30 分类时提取地物的图斑面积，使得人造地表的制图精度未达到理想状态。同时本该制图精度较低的草地，制图精度却达到80%以上，这是因为其他地表覆盖在进行判读时，由于 Landsat TM 影像光谱信息限制，林地、草地、灌木地容易混淆，无法将草地从中辨别出来，只能通过 LUCC 数据进行辅助判读，同时由于草地在江西省 GlobeLand30 上分布范围较广，但是面积比例较小，其他类别中被划分为草地的样本点较少，最终草地的制图精度较高。

由用户精度对比图（图6-27）可以看出，除灌木地外，两种精度评定方法所得到的用户精度变化规律相似，其用户精度总体较高。除草地、灌木地和裸地外，其余地表覆盖类型的用户精度均高于80%。基于分层随机抽样的精度评定方法所得到的灌木地用户精度与顾及景观形状的精度评定方法所得到的数据，两者差别较大的原因是前者在进行样本分配时，由于灌木地的面积比例极小，所分配的样本量可以忽略不计，得到的用户精度较高。而顾及景观形状的精度评定方法在进行层间样本分配时，所采用的方法是内曼分配与按面积比例分配相结合的方式，所分配的样本点相对较多，但是江西省灌木地分布极小，其单个样本点对最终结果的影响较大，使得最终两种方法所得到的用户精度差异较大。

江西省草地用户精度较低，两种精度评定方法所得到的用户精度均达到50%，这是因为：①经过实地考察我们发现，江西省地处中亚热带，季风气候显著，境内水热条件差异较大，雨量充沛，林地资源丰富，而草地资源相对较少，多与其他地物相间分布，对于草地的判读较为困难；②草地组成相对困难，无论是从其纹理、地物覆盖斑块形状，还是其光谱特征，其自动化提取的精度较低；③由于 Landsat TM 影像光谱信息限制，无法准确识别该点点位信息，只能通过 LUCC 数据进行辅助判断，而 LUCC 数据与 GlobeLand30 数据的分类系统存在差异，样本判读时会存在部分误差；④通过实地考察我们发现，部分地区草地为荒废的耕地，其地表覆盖类型应该归为耕地；⑤另外在部分山区，当地人将山上的林地树种进行更换，而更换初期，杂草茂盛、树苗不显，该地可能会被误划分为草地。如图6-28所示，该地区为刚刚种植的脐橙果园，因树苗刚刚种植，杂草丛生，其地表覆盖类型可能被误判为草地。所以，江西省草地的用户精度较低。

裸地用户精度较小的原因是江西省 GlobeLand30 中，裸地所占的面积比例较小，所分配的样本量较少，单个样本点对总体精度的影响较大。同时在江西省 GlobeLand30 数据中，只保留水体层和裸地层之后可以清楚看出（图6-29），裸地基本上是沿水体分布的，而由于季节的变化，部分水域进入枯水期使得部分河滩等暂时裸露在外，形成裸地，或者部分水域堤岸被人工硬化，其在施工过程中被分类为裸地，导致 GlobeLand30 中裸地的用户精度较低。

| 名称:远处林地 | N:24.88869500° | 高度:250.600 m |
| 时间:2017年06月25日 14:52:40 | E:114.89668000° | 精度:0.860 m |

| 名称:新建果园 | N:24.88868983° | 高度:248.400 m |
| 时间:2017年06月25日 14:51:49 | E:114.89668367° | 精度:0.880 m |

图 6-28 新建的果园

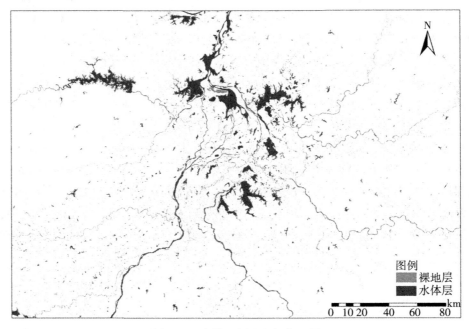

图 6-29 水体、裸地空间位置图

第7章 顾及空间异质性的样本量
估算模型设计及实例

7.1 研究区、数据及数据处理

7.1.1 研究区

本章选择江西省、安徽省、浙江省为研究区域，总面积为 $41.18×10^4km^2$。研究区位于中国东南部（东经 113°34′— 123°57′，北纬 24°29′—34°38′），在地理位置上，各省份相毗邻，示意图如图 7-1 所示。

研究区大部分属于亚热带季风气候，四季分明，气温适中，年降雨量丰富。地形地貌方面，江西省以山地、丘陵为主，地势由南向北、由外向里倾斜；安徽省地貌类型齐全，包括平原、丘陵、山地等，其中平原为主要的地貌；浙江省山地位于西南部，丘陵位于中部，平原位于东北部，形成了由西南向东北呈阶梯状分布的地势特征。土地资源方面，江西省以林地和耕地为主，森林覆盖率高达 60%，位于全国首位；安徽省以耕地、林地和水体为主，三者占全省总面积的一半以上；浙江省林地占全省面积的 50%，其次是耕地、人造地表、水体等。基于地形地貌及气候特点，研究区地表覆盖类型丰富多样。因此，选择江西省、安徽省、浙江省作为研究区域具有一定的代表性和研究意义。

7.1.2 实验数据

实验数据是科学研究的基础，为保证后期实验的顺利开展，获取完整且高质量的实验数据至关重要。所需实验数据分为两部分：地表覆盖数据和 DEM 数据。本节详细介绍实验数据来源、内容等方面。

1. 地表覆盖数据

国际组织及各个国家利用不同的数据处理技术研制的地表覆盖数据产品越来越多，数据产品种类的增加和空间分辨率的提高为用户提供了更多的选择。为了更好地了解数据产品的信息，可按照尺度范围、空间分辨率等对其进行分类。按照尺度大小分类，地表覆盖数据产品分为全球范围和区域范围。其中，全球范围的数据产品包括马里兰大学的 UMD，欧空局的 GlobCover；区域范围的数据产品包括澳大利亚的 DLCD 及美国的 NLCD（马京振等，2016）。按照空间分辨率分类，1km 分辨率的地表覆盖数据产品有欧洲研究中心的 GLC2000（Globe Land Cover 2000）；500m 分辨率的有波士顿大学的 MODIS；300m 分辨率的有欧洲的 Corine Land Cover（宋宏利等，2014）；30m 分辨率的有中国国家基础地理信

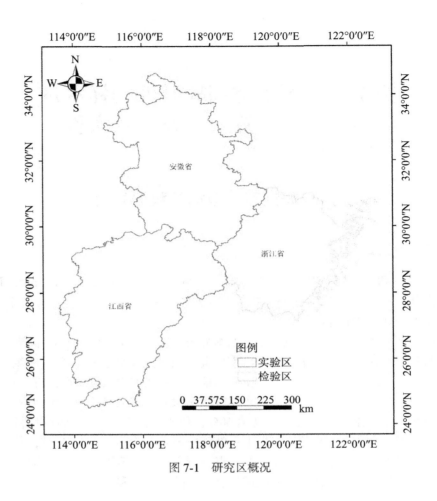

图 7-1　研究区概况

息中心的 GlobeLand30；10m 分辨率的有清华大学的 FROM-GLC10，这也是目前空间分辨率最高的全球地表覆盖数据产品。

　　根据研究目的和需求，选择 2010 年的 GlobeLand30 和中国 1∶10 万土地利用/覆盖数据（LUCC）作为实验数据，其中，前者作为检验数据，后者作为参考数据。GlobeLand30作为我国研制的首套 30m 空间分辨率的地表覆盖制图产品，具有空间范围广、分辨率高、数据时相新、自动化分类等优势，受到国内外广泛关注（陈利军等，2012）。GlobeLand30数据有 2000 年、2010 年和 2020 年三期产品，包括耕地、林地、草地等 10 种地表覆盖类别，其采用分层的 POK 方法提取地表覆盖类别信息，有效地提高了分类精度。GlobeLand30 作为我国在地表覆盖领域首次独立开展的全球尺度的研究成果，在 2014 年联合国气候峰会期间，由中国政府赠予联合国，供联合国系统及各成员国家免费使用（陈军等，2011）。

　　中国 1∶10 万土地利用/覆盖数据（LUCC），由中国科学院地理科学与资源研究所提供，包括耕地、林地、草地等 6 个一级地表覆盖类型，25 个二级地表覆盖类型。该数据是全国各地区遥感专家通过人机交互目视解译制作完成，为了保证数据的实时性，每隔 5 年更新一次。经野外实地调查验证表明，LUCC 分类精度较高，一级和二级类别的分类精度都在 90%以上（刘纪远等，2014）。虽然 LUCC 与 GlobeLand30 具有相同的数据源，但两者在分类方法、分类体系及投影参考等方面存在差异。因此，利用 LUCC 作为参考数据对 GlobeLand30 做精度检验前需对两者进行预处理操作。

2. DEM 数据

数字高程数据（DEM）具有分析研究区域高程信息的作用，可以为实验结果的阐述提供依据。此外，在以往的研究中，地表覆盖数据产品精度评定多以行政区如省、市或县为评价单元。考虑到评价单元尺度效应对样本量的影响，引入具有生态-地理意义的流域单元，基于 DEM 数据对研究区进行合理划分。研究区 DEM 数据来源于地理空间数据云，空间分辨率与地表覆盖数据产品相同，为 30m。这也保证了在后期的实验中，两种不同的数据在操作上契合度更高。DEM 数据作为流域单元划分的基础数据，在水文分析前，同样需要数据预处理操作，以获取区域的流域单元信息。

7.1.3　数据预处理

1. 地表覆盖数据预处理

本小节主要介绍地表覆盖数据产品的预处理。首先，根据需求对 GlobeLand30 和 LUCC 的原始数据进行拼接和裁剪。其次，因两种数据产品在投影方式、分类体系、分类方法等方面的差异，需进行投影变换和重分类操作（黄亚博等，2016）。投影变换方面，为保证数据产品变换结果的一致性和无面积变形，选择艾伯特等积投影作为基准投影；分类体系方面，在保证 GlobeLand30 分类体系不变的前提下，根据两类数据产品对应分类类别的定义，对 LUCC 数据进行重分类，实现数据分类系统的统一。

待验证 GlobeLand30 数据和参考数据 LUCC 产品的预处理结果如图 7-2 所示。

2. 流域单元划分

研究区流域单元划分是基于 DEM 数据利用 ArcGIS 10.2 水文分析功能操作的，流程如图 7-3 所示。首先，把分幅的 DEM 数据进行拼接，并根据研究区域裁剪；然后，对 DEM 重投影，为了确保投影结果与地表覆盖数据产品相匹配，坐标系统同样选择艾伯特等积投影；最后，做水文分析，利用 ArcGIS 10.2 的水文分析工具，通过填洼、流向分析、流量分析、河流链接分析及分水岭等操作步骤，获取实验区域的流域单元，并以此作为评价单元。

在水文分析中发现，流域单元的大小、数量与设置的集水面阈值及 DEM 数据的空间分辨率有关（张建勋，2016）。为确保水文分析前后 DEM 数据空间分辨率不变，与地表覆盖数据产品的空间分辨率相同，因此，在水文分析中，通过改变集水面阈值的大小，获取合理的流域单元。结合研究区实际地形地貌信息，经多次重复实验发现，当集水面阈值大小为 4000 时，流域单元结果与区域吻合度高，满足要求。最终，研究区划分的流域单元如图 7-4 所示。

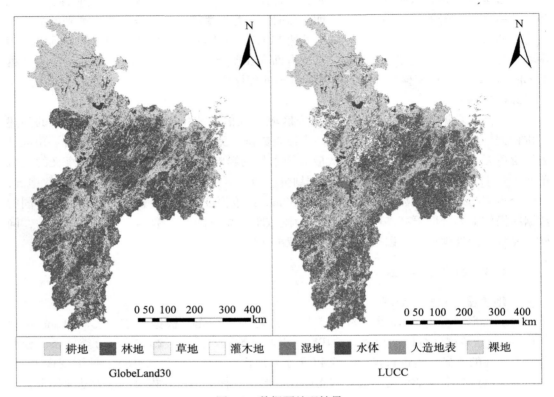

图 7-2　数据预处理结果

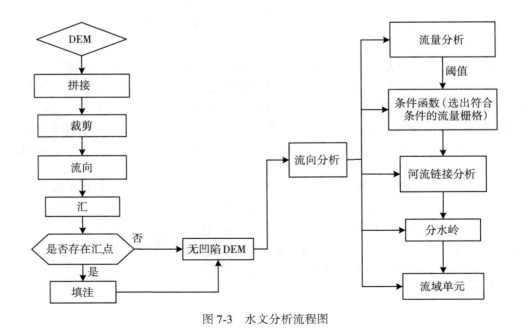

图 7-3　水文分析流程图

（a）数字高程模型（DEM）　　　　　　（b）流域单元

图 7-4　流域单元划分图

7.2　顾及空间异质性的样本量估算模型设计

合理的样本量不仅可以反映评价结果的真实性、可靠性，还可以实现人力、物力、财力等资源的配置。基于现有样本量估算方法的研究进展，本研究设计了一种顾及地表空间异质性的样本量估算模型，公式表达如式（7-1）所示，该样本量估算模型主要引入三类参数。

（1）分层抽样概率统计模型样本量（n）：概率统计样本量模型作为地表覆盖数据产品精度评定样本量估算中最多被采用的方法，它是在概率统计理论学科基础上发展得到的，更具科学性、严谨性。此外，n 的计算方法如第 2 章式（2-25）中含有数据产品面积权重、用户精度等信息。所以，把 n 作为样本量估算模型的一个重要参数。

（2）评价单元样本约束条件 C：是本研究重点考虑的一个指标参数，见式（7-2），表示多大范围可分配一个样本。理论上，评价单元范围越大，所需样本越多；范围越小，所需样本越少。在研究区域同质性的前提下，不同尺度评价单元分配样本的范围大小应该是相似的，否则会造成小尺度区域过采样，大尺度区域欠采样。因此，用样本约束条件 C 量化表示尺度差异对样本量的影响。

（3）空间异质性因子 L：在目前通用的样本量估算中没有考虑空间异质性的影响，样本数的估算一般通过多次人为实验确定。即使利用概率统计模型，在数据产品相同的情况下，不同研究区域会产生相似的样本量。空间异质性作为表征数据产品景观层面聚集性、破碎度、多样性等信息的指标，在样本量估算中用于评定区域的空间异质性特征。

$$N_S = A_0 + nA_1 + CA_2 + LA_3 = A_0 + \frac{\left(\sum W_h S_h\right)^2}{V(\bar{y}_{st}) + \frac{1}{N}\sum W_h S_h^2}A_1 + CA_2 + LA_3 \qquad (7\text{-}1)$$

式中，N_S 表示估算样本量；A_0，A_1，A_2，A_3 表示各个参数的回归系数。

$$C = \frac{S}{N_S} \qquad (7\text{-}2)$$

式中，S 表示流域单元的面积，单位是 km^2。

模型的建立过程，主要是对式（7-1）中所引入影响因素的筛选以及回归系数的确定。本章主要介绍顾及地表空间异质性样本量估算方法的设计，在模型公式（7-2）确定的基础上，还包括样本参数确定、回归分析、模型验证等内容，具体流程如图 7-5 所示。

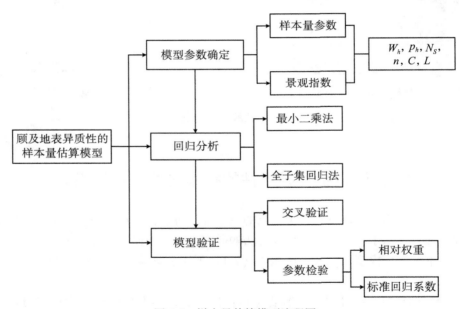

图 7-5　样本量估算模型流程图

7.2.1　模型参数确定

顾及地表空间异质性的样本量估算模型参数的确定是模型拟合的基础，根据模型表达式（7-1），模型参数包括两种类型：样本量相关参数和空间异质性参数。样本量相关参数包括估算样本量 N_S，概率统计样本量 n，数据产品精度 p_h；空间异质性参数包括描述地表覆盖数据产品破碎度、多样性、复杂性等信息的景观指数。

1. 样本量参数

本研究所设计的样本量估算模型，n 作为重要组成部分，其值的确定与数据产品的用户精度 p_h 和面积权重 W_h 有关 [式（7-1）]。为保证 n 值的具体性和真实性，在设定 $V = 0.01$ 的前提下，W_h、S_h 通过对地表覆盖数据产品进行连续分层随机抽样确定，流程如图 7-6 所示。

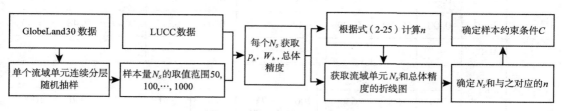

图 7-6　模型参数确定流程图

基于图 7-6，样本量参数的确定概括为以下步骤（以单个流域单元为例）。

（1）对研究区域某个流域单元进行连续分层随机抽样，样本 N_S 对应的取值数共 20 个，取值范围为 50，100，150，…，1000；

（2）统计流域单元不同类别的面积权重，以 LUCC 为参考数据，基于混淆矩阵的精度评定方法，获取不同样本 N_S 对应的评价结果信息，如用户精度 p_h，并计算 n；

（3）比较分层抽样和全样本抽样的总体精度，选取总体精度相对误差小于 0.01 范围内对应的最小的 N_S 为估算样本量，再根据式（7-2）得到 C；

（4）对于研究区域，重复步骤（1）～（3），直到获取所有流域单元样本量参数。

基于以上步骤，表 7-1 以江西省流域单元 No.1 为例，列举其对应的 W_h、S_h 值；图7-7 是江西省部分流域单元估算样本量 N_S 与总体精度的折线图，图中折线表示分层随机抽样的总体精度，实直线表示全样本抽样的总体精度，虚线部分表示总体精度相对误差小于 0.01 的区域，即确定 N_S 的允许精度范围，椭圆形内为精度稳定区，即允许分层抽样总体精度变化的区域。以全样本抽样总体精度为准（陈斐等，2016），选择分层抽样总体精度变化稳定区域第一个 N_S 作为估计样本量，满足用较少样本量得到精度评定结果的目的。

表 7-1 　　　　　　　　　　　　　　流域单元 **No.1** 的参数值

标准差	W_h	N_S									
		50	100	150	200	250	300	350	400	450	500
S_1	0.40	0.37	0.42	0.42	0.37	0.45	0.42	0.39	0.40	0.41	0.44
S_2	0.40	0.49	0.49	0.50	0.50	0.50	0.49	0.50	0.50	0.50	0.50
S_3	0.05	0.00	0.00	0.33	0.00	0.00	0.29	0.00	0.36	0.29	0.38
S_4	0.00	—	—	—	—	—	—	—	—	—	—

续表

标准差	W_h	N_S									
		50	100	150	200	250	300	350	400	450	500
S_5	0.03	—	0.00	0.00	0.00	0.00	0.24	0.00	0.00	0.00	0.00
S_6	0.10	0.45	0.36	0.35	0.26	0.22	0.17	0.39	0.35	0.35	0.26
S_7	0.03	0.00	0.00	0.00	0.42	0.50	0.47	0.47	0.49	0.48	0.43
S_8	0.00	—	—	—	—	—	—	—	—	—	—

标准差	W_h	N_S									
		550	600	650	700	750	800	850	900	950	1000
S_1	0.40	0.38	0.41	0.42	0.41	0.39	0.41	0.39	0.43	0.42	0.40
S_2	0.40	0.50	0.49	0.49	0.50	0.50	0.50	0.49	0.49	0.50	0.50
S_3	0.05	0.31	0.00	0.23	0.24	0.28	0.39	0.34	0.20	0.34	0.28
S_4	0.00	—	—	—	—	—	—	—	—	—	—
S_5	0.03	0.00	0.00	0.00	0.00	0.00	0.00	0.00	0.00	0.00	0.00
S_6	0.10	0.34	0.25	0.31	0.30	0.32	0.31	0.35	0.33	0.31	0.30
S_7	0.03	0.34	0.48	0.47	0.48	0.48	0.49	0.43	0.46	0.41	0.48
S_8	0.00	—	—	—	—	—	—	0.50	—	0.00	—

2. 景观指数

空间异质性作为揭示地理现象空间分异的重要标志（Kelley et al.，2004），在样本点布设，遥感信息提取中经常用作参考信息使用（Sun et al.，2017），但较少涉及样本量的估算。这里所设计的样本量估算模型把数据产品的空间异质性信息作为样本量的重要影响因子，利用软件 Fragstats 4.2 获取产品的景观指数，实现对空间异质性信息的定量化。

Fragstats 4.2 是一款专业的景观格局指数计算软件，在快速计算大量景观指数的同时，还提供了基于单元格的众多指标结果。Fragstats 4.2 软件功能强大（傅文杰，2010），可计算斑块（Patch）、类（Class）和景观（Landsacpe）三个层次的 100 多种景观指标，这些指标根据含义概括为七大类，包括面积指标、差异指标、边缘指标、形状指标、核心面积指标、多样性指标及聚集性指标等。根据本研究重点关注的研究内容，选择了景观层次的 14 个典型的景观指标，用来定量地描述评价单元尺度数据产品的空间异质性特征，各景观指标的生态意义及描述见表 7-2。

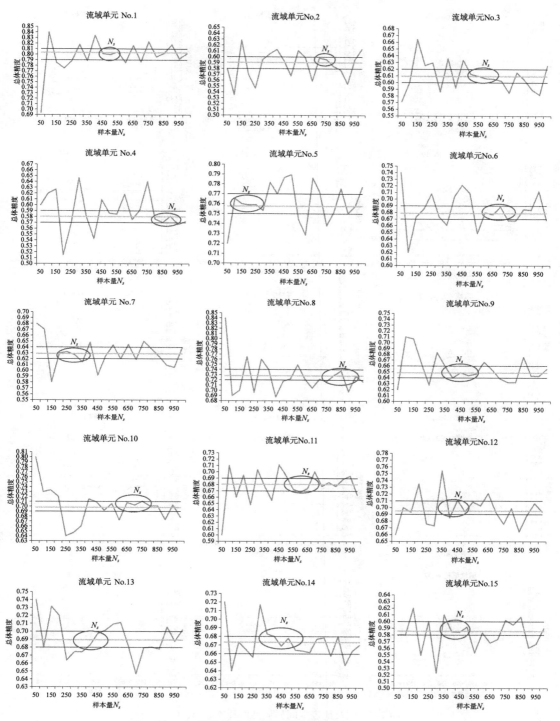

图 7-7 顾及地表空间异质性的样本量 N_S （一）

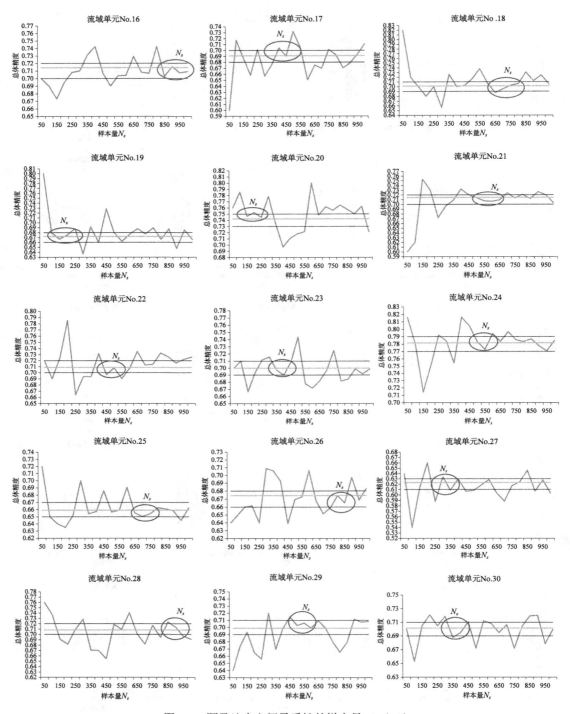

图 7-7 顾及地表空间异质性的样本量 N_S（二）

表 7-2　　　　　　　　　　　　景观空间格局的指标与描述

类	名称	描述
面积指标	最大斑块指数（LPI）	最大斑块所占的景观面积比例决定了景观中优类别的生态特征和内部物种的丰富度。单位:%。范围：0<LPI≤100
差异指标	平均斑块指标（MPS）	景观或斑块类型的总面积除以该类型的斑块数量。单位：hm^2。范围：MPS>0
边缘指标	边缘密度（ED）	边缘密度揭示景观或类型被边界分割的程度，是景观破碎度的直接反映。单位：m/hm^2
	斑块密度（PD）	斑块密度描述单位面积的斑块数，有利于景观大小的比较。单位：斑块数/100hm²。范围：PD>0
形状指标	景观形状指数（LSI）	景观形状指数描述斑块的形状，并与同一区域的圆或正方形相比较，从而衡量斑块形状的复杂性。单位：无。范围：LSI≥1
	面积加权平均形状指数（AWMSI）	面积加权平均形状指数是衡量景观空间格局复杂性的重要指标之一，值越大，斑块的形状就越复杂。单位：无。范围：1≤AWMSI≤2
	面积加权平均斑块分形维数（AWMPFD）	面积加权平均斑块分形维数公式与面积加权平均形状指数公式相似，不同的是，前者使用分形维数理论来度量斑块和景观的空间复杂性。AWMPFD 值最小时，表示斑块形状是最简单的正方形，值最大时表示斑块形状是最复杂的圆形。单位：无。范围：1≤AWMPFD≤2
临近度指标	平均临近指数（MPI）	平均临近指数测定景观的碎片量，值越小，表明碎片越多，连通性越差。单位：无。范围：MPI≥0
多样性指标	香农多样性指数（SHDI）	香农多样性指数反映景观的异质性，对景观中各斑块类型的非均衡分布敏感。值越高，碎片化程度越高，信息内容的不确定性越大。单位：无。范围：SHDI≥0
	斑块丰富度密度（PRD）	斑块丰富度密度将丰富度标准化为单位面积值，便于不同景观之间的比较。单位：每/100hm²。范围：PRD>0
	香农均匀度指数（SHEI）	香农均匀度指数描述景观中各组成部分的空间分布均匀性，值为0表示景观仅由一个斑块组成，值为1表示斑块类型分布均匀，多样性最大。单位：无。范围：0<SHEI<1
聚集性指标	并列密度指数（IJI）	并列密度指数是描述景观空间格局的重要指标之一，用于计算每个斑块的总体分布和并置。单位：百分比。范围：0<IJI≤100
	聚集性指数（CONTAG）	聚集性指数描述景观中不同斑块类型的聚集程度或扩展趋势。当值较小时，说明景观中小斑块多，聚集性较差；当值较大时，说明集聚程度高，连通性好。单位：百分比。范围：0<CONTAG≤100

7.2.2　回归分析

回归分析作为模型拟合的重要部分，主要目的是获取预测变量的回归系数。式（7-1）给出了顾及地表空间异质性样本量估算模型的表达式，该表达式作为一种多元线性模型，本书选择利用最小二乘法（OLS）进行拟合。

最小二乘法作为多元线性回归模型拟合的核心方法之一（Cai et al.，2019），表达式如下：

$$\hat{Y}_i = \hat{B}_0 + \hat{B}_1 X_{1i} + \cdots + \hat{B}_k X_{ki} \tag{7-3}$$

式中，$\hat{Y}_i$ 表示因变量第 i 次观测的预测值；X_{ki} 表示第 i 次观测的第 j 个预测变量的值；$\hat{B}_0$ 表示截距项，即当所有预测变量都为零时，Y 的预测值；$\hat{B}_k$ 表示第 j 个预测变量的回归系数，即 X_j 改变一个单位所引起的 Y 的改变量。

OLS 方法获取回归系数的实质是通过减少响应变量真实值与预测值之间的绝对差值，即使得残差平方和最小，公式如下：

$$\sum_{i=1}^{n} (Y_i - \hat{Y}_i)^2 = \sum_{i=1}^{n} (Y_i - (\hat{B}_0 + \hat{B}_1 X_{1i} + \cdots + \hat{B}_k X_{ki}))^2 = \sum_{i=1}^{n} \varepsilon_i^2 \tag{7-4}$$

为了保证 OLS 方法建模结果的正确性，进行建模的数据需满足下面四个假设条件：①对于固定的自变量，因变量呈正态分布；②不同变量预测值之间相互独立；③因变量与自变量之间呈线性相关；④因变量的方差不随自变量水平的不同而变化。

目前，OLS 方法拟合工具多种多样，如 SPSS、R 语言等。R 语言作为一款数据处理功能强大的工具，其多种多样的操作工具和简洁的编程算法，可以快速实现对数值数据或空间数据的统计、拟合及预测（卡巴科弗等，2013），在遥感和 GIS 领域受到越来越多的关注。因此，本研究基于 R 语言利用 OLS 方法进行多元线性样本量估算模型的回归分析。

图 7-4 为研究区域用于模型拟合的流域单元，回归分析基于流域单元的数据条目包括估算样本量 N_S，概率统计理论样本量 n，样本约束条件 C 和空间异质性因子等参数实现。在进行多元线性回归分析前，为了选取贡献率大的景观指数并减少指数的重复性，采用全子集回归的方法对景观指数进行筛选。

全子集回归法作为回归分析中特征选择的常用方法，与其他方法相比具有考虑所有可能拟合模型的优势。其原理是通过调整 R^2 准则筛选出"最佳"模型，并确定模型的参数。本研究景观指数筛选结果如图 7-8 所示，发现"最佳"模型的调整 R^2 为 0.75，对应的景观指数包括 PD、ED、LSI、AWMPFD、WPI、IJI、SHDI 等。样本约束条件 C 在所有可能的拟合模型中都存在，说明样本约束条件在顾及地表空间异质性的样本量估计模型中是不可或缺的指标。

为了更清晰地展示拟合模型因变量间的关系，绘制散点图矩阵，如图 7-9 所示。通过图 7-9 可以直观地发现，PD 和 ED，LSI 和 AWMPFD，IJI 和 SHDI 之间存在一定的正比例线性关系，一个变量随着另一个变量的增加而增加。其余因变量之间关系比较复杂，可能是线性的，也可能是非线性的，没有具体的规律。散点图矩阵是以图表的形式展现多个因变量之间的关系，可以作为拟合模型中模型优化的参考依据。

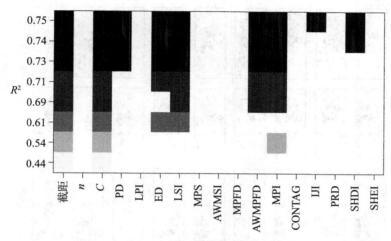

图 7-8　基于全子集回归的因子选择

在全子集回归分析和散点图矩阵结果的基础上，利用 R 语言中的 lm（）函数对顾及地表空间异质性的样本量估算模型进行回归分析，结果如表 7-3 所示。

表 7-3　多元线性回归系数

	估计值	标准误差	t 值	Pr（>∣t∣）	Signif. codes
（解译变量）	$5.71×10^3$	$1.57×10^3$	3.6360	0.0007	0.001
n	$2.89×10^{-2}$	$5.57×10^{-2}$	0.5180	0.6066	1
C	$-1.06×10$	1.13	-9.3690	0.0000	0.001
PD	$3.89×10$	$1.32×10$	2.9430	0.0050	0.01
ED	$-1.39×10$	3.30	-4.1960	0.0001	0.001
LSI	4.18	$8.23×10^{-1}$	5.0780	0.0000	0.001
AWMPFD	$-3.93×10^3$	$1.23×10^3$	-3.1960	0.0025	0.01
MPI	$7.24×10^{-3}$	$1.81×10^{-3}$	3.9910	0.0002	0.001
IJI	-5.36	2.36	-2.2730	0.0275	0.05
SHDI	$2.50×10^2$	$1.20×10^2$	2.0800	0.0429	0.05
R^2	0.7891				
调整 R^2	0.7495				
F 统计量	19.95 on 9 and 48 DF				
P 值	$2.162×10^{-13}$				

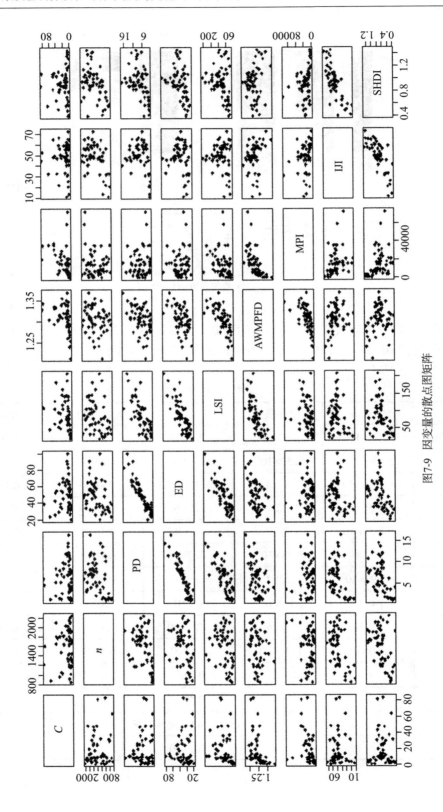

图7-9　因变量的散点图矩阵

　　Pr（>｜t｜）列表示自变量回归系数的显著性，Signif. codes 列表示显著性的程度。根据表 7-3 发现，IJI、SHDI 回归系数的显著性不高，没有通过 t 检验。总体上，拟合模型的 R^2 与调整后的 R^2 相差较大，存在不稳定的问题，因此，需对模型进行改进。经过多次实验发现，去除 IJI、SHDI，模型自变量回归系数显著性更明显，R^2 值虽有所下降，但变量之间的关系更强，结果如表 7-4 所示。

表 7-4　　　　　　　　　　　　　　　调整后多元线性回归系数

	估计值	标准误差	t 值	Pr（>｜t｜）	Signif. codes
（解译变量）	5.95×10^3	1.24×10^3	4.8070	1.44×10^{-5}	0.001
n	1.64×10^{-2}	4.82×10^{-2}	0.3400	0.73526	1
C	-1.06×10	1.08	-9.7920	3.25×10^{-13}	0.001
PD	2.43×10	1.15×10	2.1100	0.0399	0.05
ED	-9.32	2.85	-3.2720	0.00194	0.01
LSI	4.03	8.24×10^{-1}	4.8860	1.10×10^{-5}	0.001
AWMPFD	-4.22×10^3	9.93×10^2	-4.2440	9.49×10^{-5}	0.001
MPI	8.04×10^{-3}	1.86×10^{-3}	4.3300	7.16×10^{-5}	0.001
R^2	0.7619				
调整 R^2	0.7286				
F 统计量	22.86 on 7 and 50 DF				
P 值	1.517×10^{-13}				

　　以上对拟合模型的改进是通过筛选因变量实现的，主要根据 lm（）函数的拟合结果，去除显著性低且没有通过 t 值检验的变量。由图 7-9 可知，因变量之间关系复杂，并不是单纯的线性关系，从而我们推测自变量与因变量之间也不是单纯的线性关系。因此，下面对拟合模型的表达式进行改进，主要考虑对估计样本量 N_S 进行变换，内容包括倍数增减、次方增加、根号减少等，探讨拟合模型对 N_S 变化的敏感度，选取拟合结果中 R^2 最好的模型，如表 7-5 所示。

表 7-5　　　　　　　　　　　　　　不同 N_S 的拟合模型

回归方程	R^2	调整后的 R^2	相对误差
$N_S = A_0 + nA_1 + CA_2 + LA_3$	0.7619	0.7286	0.0333
$0.01N_S = A_0 + nA_1 + CA_2 + LA_3$	0.7644	0.7314	0.033
$10N_S = A_0 + nA_1 + CA_2 + LA_3$	0.7619	0.7286	0.0333

回归方程	R^2	调整后的 R^2	相对误差
$N_S^3 = A_0 + nA_1 + CA_2 + LA_3$	0.6125	0.5583	0.0542
$N_S^2 = A_0 + nA_1 + CA_2 + LA_3$	0.6696	0.6233	0.0463
$\sqrt[3]{N_S} = A_0 + nA_1 + CA_2 + LA_3$	0.7855	0.7555	0.03
$\sqrt[2]{N_S} = A_0 + nA_1 + CA_2 + LA_3$	0.818	0.7926	0.0254

表 7-5 表明，N_S 倍数增减和次方增加没有提高模型的拟合精度，调整前后 R^2 的差值较大，说明拟合模型的稳定性差；N_S 根号减少对模型拟合结果的影响最大，在提高模型拟合精度的同时，调整前后 R^2 的相对误差最小，说明与原模型相比，模型的稳定性得到了相应的提高。因此，模型拟合结果对 N_S 根号减少最敏感，其次是倍数增减，最后是次方增加。以模型拟合精度和稳定性为参考，选择根号下 N_S 对应的拟合模型作为最终样本量估算模型。

综上所述，从因变量筛选和拟合模型表达式两个方面对拟合模型进行改进，选取拟合精度高，稳定性好的模型，其多元线性回归方程为

$$N_S = 138.4 + 0.0006n - 0.282C + 0.507PD - 0.242ED + 0.107LSI - 89.81AWMPFD + 0.0002MPI \tag{7-5}$$

式（7-5）表明，n，PD，LSI 和 MPI 对样本量 N_S 的贡献为正，样本约束条件 C、边缘密度 ED、AWMPFD 对样本量 N_S 的贡献为负；由回归系数绝对值知，AWMPFD 对 N_S 的贡献最大，其数值微小的变化就会对 N_S 产生较大影响；其次是 PD，C，ED 及 LSI；总体来看，所有预测变量解释了估算样本量（N_S）79% 的方差。因此，结合因变量对 N_S 的贡献率、影响强度和拟合模型的方差也说明了区域空间异质性对样本量存在影响，在样本量估算中考虑数据产品的空间异质性信息具有一定的实际意义。

7.2.3　模型验证

本小节阐述顾及地表空间异质性的样本量估算模型的验证和分析，一方面说明拟合模型应用的泛化性，可以根据实际情况对模型进行适当调整；另一方面模型参数检验，以图表的方式更详细地展现各个参数对自变量 N_S 的影响。

1. 交叉验证

本研究采用交叉验证的方法检验 OLS 回归模型的泛化性。交叉验证作为一种常用的模型验证技术，具有预测精度高的优势（Kohavi，1995）。考虑到拟合模型的数据量较少，使用 3 倍交叉验证。3 倍交叉验证是将原始样本随机分为 3 个大小相等的子样本，其中一个子样本保留作为模型验证的测试数据，其余 2 个子样本用作训练数据。将过程重复 3 次，3 个子样本中的每个子样本都会被用作验证数据。将 3 次交叉验证结果的 R^2 取平均值，作为最终的估计值，如表 7-6 所示。结果表明，原始 R^2 和 3 倍交叉验证 R^2 之间具有一定的差异，基于原始样本的 R^2 过于乐观，OLS 回归方法在估算样本量 N_S 和影响因子稳

定性方面还有待提高。

表 7-6 交叉验证结果

原始 R^2	0.8180437
3 倍交叉验证 R^2	0.7492293
绝对误差	0.0688144

2. 参数检验

OLS 回归方法拟合了概率统计理论样本量 n、样本约束条件 C 和空间异质性因子与估计样本量 N_S 之间的多元线性关系，其关系式如式（7-5）所示。为了评估多元线性回归分析中预测变量的相对重要性，采用标准化回归系数法和相对权重法，结果如表 7-7、图7-7 所示。

表 7-7 标准回归系数

自变量	n	C	PD	ED	LSI	AWMPFD	WPI
标准回归系数	4.28×10^{-2}	-9.53×10^{-1}	3.43×10^{-1}	-7.54×10^{-1}	8.45×10^{-1}	-4.84×10^{-1}	4.01×10^{-1}
重要性等级	7	1	6	3	2	4	5

标准化回归系数是最简单的测定预测变量相对重要性的方法，它表示当其他预测变量不变时，该预测变量一个标准差变化引起的响应变量的变化量。由表 7-7 可以看到，其他变量不变时，样本约束条件 C 变化 1 个标准差，估算样本量 N_S 将变化 0.953 个标准差，相对重要性最大；概率统计样本量 n 对估算样本量 N_S 的相对重要性最小。此外，预测变量的标准回归系数有正有负，系数为正表示预测变量变化会增加响应变量值，系数为负表示预测变量变化会减少响应变量值。实质上，预测变量标准回归系数的正负性受变量间相关性的影响，与 7.2.2 小节预测变量与响应变量之间是正相关还是负相关是对应的。

与标准化回归系数相比，相对权重是一种比较有前景的预测因变量相对重要性的方法（Olofsson et al.，2011），它根据变量对 R^2 的贡献率进行排序。图 7-10 显示了因变量的相对重要性，结果表明：样本约束条件 C 解释了 60% 以上的 R^2，对样本量 N_S 有最大的相对重要性，也说明了区域尺度在样本量估算中是不可忽略的；AWMPFD、LSI 和 MPI 作为描述流域单元斑块景观形状和破碎度的空间异质性因子，分别解释了 15%、10% 左右的 R^2，余下的变量依次是 ED，PD，n。因此，从相对重要性来说，流域单元样本约束条件 C 和空间异质性信息对地表覆盖数据产品精度评定样本量估算具有一定影响，是需要考虑的因素。

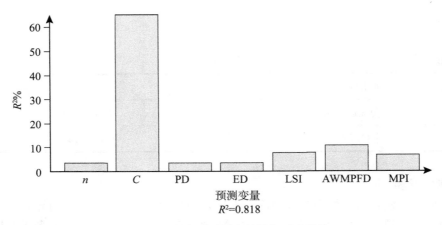

图 7-10　预测变量对样本量的相对重要性

7.3　顾及地表空间异质性样本量估算模型实例验证

源于地表覆盖产品中分类体系及分类方法具有明显的层次性特征，分层随机抽样概率统计模型是地表覆盖遥感产品的精度评定样本量估算中采用最多的一种方法。通过将本研究样本量估算模型得到的样本量与分层抽样得到的样本量进行数量和评价结果精度的对比，分析本研究所设计样本量估算模型的可靠性和合理性。

7.3.1　样本量估算结果评定

1. 样本量估算结果对比

浙江省与江西省、安徽省在地理位置上毗邻，在气候、土地类型等方面相似性高，因此，把江西省、安徽省为试验区得到的顾及地表空间异质性样本量估算模型在浙江省进行实例验证。

图 7-4 是研究区域水文分析结果，浙江省流域单元个数为 18，与江西省、安徽省相比，数量较少。这是因为浙江省东南临海，造成了 DEM 数据不完整，尤其是与陆地不临接区域 DEM 数据出现缺失，得到的流域单元边界与其行政边界的吻合度较低。

以浙江省流域单元为评价单元，将顾及地表空间异质性样本量估算模型与分层抽样概率统计模型进行对比，首先利用式（2-25）和式（7-5）分别获取两种方法的样本量 n 和 N_S，如表 7-8 所示。

表 7-8　　　　　　　　　　　　　　　样本量统计表

方法 单元编号	多元线性模型 N_S	概率统计模型 n	样本量差值 （N_S-n）
No. 1_Zj	735	1661	926
No. 2_Zj	364	1906	1542

续表

方法 单元编号	多元线性模型 N_s	概率统计模型 n	样本量差值 $(N_s - n)$
No. 3_ Zj	603	1653	1050
No. 4_ Zj	469	1504	1035
No. 5_ Zj	800	1418	618
No. 6_ Zj	617	1255	638
No. 7_ Zj	703	1602	899
No. 8_ Zj	468	1144	676
No. 9_ Zj	522	1636	1114
No. 10_ Zj	571	1402	831
No. 11_ Zj	530	1318	788
No. 12_ Zj	613	1441	828
No. 13_ Zj	429	2014	1585
No. 14_ Zj	1383	1175	−208
No. 15_ Zj	568	1570	1002
No. 16_ Zj	261	1843	1582
No. 17_ Zj	298	1243	945
No. 18_ Zj	539	780	241
合计	10476	26565	16089

注：表格中多元线性模型指顾及地表空间异质性的样本量估算模型；单元编号中"No. 数据"表示流域单元的代码，"Zj"表示浙江省的缩写。

由表 7-8 可以发现，对于单个流域单元，顾及地表空间异质性样本量估算模型的样本量小于分层抽样概率统计模型样本量，尤其对于 No. 2_Zj，No. 9_ Zj，No. 13_ Zj 等流域单元的样本量差值达到 1000 以上；从样本量总数来看，多元线性模型总样本量为 10476，概率统计模型总样本量为 26565，两者差值为 16089，表明与概率统计模型法相比，本研究设计的样本量模型所估算的样本量减少一半。

通过对比两种方法得到的样本量，可以明显发现，本研究设计的样本量估算模型在很大程度上减少了地表覆盖数据产品精度评定所需样本数量。

2. 精度评定结果

为了更全面地分析多元线性样本量估算模型和概率统计模型在地表覆盖数据产品精度评定结果方面的差异（第 2 章表 2-2），本研究选择按比例分配和最优分配两种方法进行样本层间分配。这两种分配方法的层样本量与总样本量 N_s 之间的关系如式（7-6）、式（7-7）所示。

$$N_{B-S_h} = N_S \cdot W_h \tag{7-6}$$

$$N_{Z-S_h} = N_S \cdot \frac{W_h S_h}{\sum (W_h S_h)} \tag{7-7}$$

式中，N_S 表示总样本量；N_{B-S_h} 表示比例分配第 h 层样本量；N_{Z-S_h} 表示最优分配第 h 层样本量；W_h 表示第 h 层的面积权重；S_h 表示第 h 层的标准差。

根据式（7-6）和式（7-7），分别获取浙江省流域单元比例分配和最优分配的层样本量 N_{B-S_h} 和 N_{Z-S_h}，然后，选择混淆矩阵的方法对 GlobeLand30 数据进行精度评定结果统计，如表 7-9 所示。

表 7-9　　　　　　　　　　　　　样本分配精度评定表

	比例分配		OA 绝对误差（%）	最优分配		OA 绝对误差（%）
	多元线性样 OA（%）	概率统计的 OA（%）		多元线性样 OA（%）	概率统计的 OA（%）	
No. 1_Zj	78.64	77.71	0.93	76.73	77.29	0.55
No. 2_Zj	51.79	50.63	1.16	56.59	57.19	0.59
No. 3_ Zj	74.67	74.41	0.26	76.32	76.53	0.20
No. 4_ Zj	65.67	64.19	1.49	68.24	69.35	1.11
No. 5_ Zj	71.25	72.64	1.39	72.75	72.59	0.16
No. 6_ Zj	74.07	74.64	0.57	73.21	74.28	1.07
No. 7_ Zj	67.24	68.89	1.66	70.13	69.08	1.05
No. 8_ Zj	73.29	74.10	0.81	74.57	74.91	0.34
No. 9_ Zj	64.18	64.79	0.62	66.79	65.77	1.02
No. 10_ Zj	73.95	72.54	1.41	71.50	71.85	0.34
No. 11_ Zj	75.56	75.64	0.09	75.09	75.27	0.17
No. 12_ Zj	74.02	74.76	0.74	73.53	73.00	0.52
No. 13_ Zj	63.72	62.76	0.96	58.97	59.68	0.71
No. 14_ Zj	78.16	77.96	0.21	75.20	75.64	0.44
No. 15_ Zj	72.13	71.66	0.48	69.54	68.92	0.63
No. 16_ Zj	61.69	62.32	0.64	59.77	60.59	0.82
No. 17_ Zj	72.73	72.49	0.24	70.37	69.83	0.54
No. 18_ Zj	86.27	86.54	0.27	82.04	83.18	1.15
平均	—	—	0.77	—	—	0.63

由表 7-9 可以发现，同一样本分配方法，顾及地表空间异质性样本量估算模型和概率

统计模型的总体精度基本相同；对于不同样本分配方法，比例分配中两种样本量估算模型总体精度绝对误差的最大值为 1.66%，总体精度平均值为 0.77%；最优分配绝对误差最大值为 1.15%，平均值为 0.63%。

上述两类不同估算模型得到的样本在空间中的分布如图 7-11 和图 7-12 所示。图 7-11中，由于地表覆盖类型数量相对较少，地表覆盖类型呈集中分布，为空间异质性较低的区域。相反，图 7-12 中，地表覆盖类型数量多，且分布破碎，为高空间异质性区域。

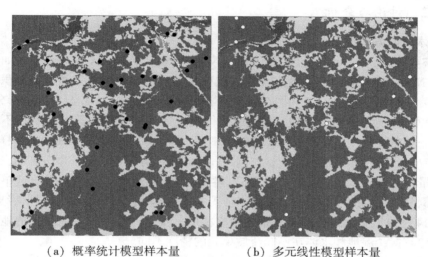

（a）概率统计模型样本量　　　　　　（b）多元线性模型样本量

图 7-11　低空间异质性区域样本布设

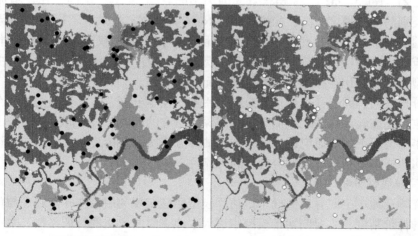

（a）概率统计模型样本分配　　　　　　（b）多元线性模型样本分配

图 7-12　高空间异质性区域样本布设

由图 7-11 和图 7-12 可以看出，对于空间异质性低的区域，地表覆盖类型多呈现连续分布，斑块数量少，相比传统样本量估算模型，本研究样本量降低了传统方法中存在的样本聚集的弊端。而对于空间异质性高的区域，地表覆盖类型分布零散，破碎度高，虽然样本量估算模型样本量少，但是在样本密度参数及空间异质性参数的作用下，每一个地表覆盖类型都有相应的样本点进行取样，进而保障了精度评定结果的可靠性。

样本估算的数量和精度评定对比结果表明，本研究所设计的样本量估算方法可实现用较少样本量得到与传统方法相同或相近的总体精度，也证实在样本量估算中考虑地表空间异质性信息的合理性。

7.3.2　讨论与分析

1. 样本分配方案分析

由表 7-9 发现，同一样本量估算模型，不同样本分配方法 OA 存在差异，如流域单元 No. 2_Zj、No. 4_ Zj、No. 14_ Zj 的 OA 等。这种情况主要与地表覆盖类型的面积权重和用户精度有关，下面根据图 7-13 和图 7-14 对不同样本分配方法 OA 差异原因进行分析。

图 7-13 是耕地、林地、草地、湿地、水体及人造地表等地表覆盖类型在不同流域单元的样本分配曲线图，虚线表示概率统计模型样本量，实线表示多元线性模型样本量。由该图可以看出，同一样本量估算模型使用不同样本分配方法进行类样本分配时，产生的样本估算数量存在差异。其中，图 7-13（a）耕地和（b）林地，几乎所有流域单元的最优分配比比例分配得到的样本多；其余地表覆盖类型样本分配因流域单元不同而结果不同。

图 7-14 是流域单元地表覆盖类型的用户精度，其中，耕地、林地及人造地表的精度较高；草地较低；湿地和水体在不同流域单元的精度不同。

根据图 7-13 和图 7-14，对于不同样本分配方法，OA 基本相同的流域单元，其主要原因有：①耕地、森林等面积权重大的类别对应的层样本量 N_{B-S_h}，N_{Z-S_h} 基本相同，如流域单元 No. 1_ Zj、No. 5_ Zj；②面积权重大的类别的 N_{B-S_h} 和 N_{Z-S_h} 不同，存在增加或减少的情况，但类别的用户精度较高，如流域单元 No. 6_ Zj、No. 8_ Zj。不同样本分配方法，OA 存在差异的流域单元，造成此现象的可能原因如下：①面积权重大的类别样本量变化相当，但对应的用户精度相差较大，如流域单元 No. 6_ Zj、No. 18_ Zj；②面积权重大的地表覆盖类型样本量变化存在差异，如流域单元 No. 4_ Zj。

上述分析表明，同一样本量估算模型采用不同样本分配方法计算的精度会存在一定的差异，这也是精度验证相关工作需要进一步深入研究的内容。对于同一样本分配方法，在样本量减半的情况下，本研究设计的样本量估算方法实现与传统方法相同或相近的总体精度，这表明该样本量估算方法的合理性和可靠性。

2. 空间异质性分析

本研究顾及地表空间异质性样本量估算模型能够实现利用较少样本实现与传统方法相同或相近的评价精度，主要归功于模型中引入了地表空间异质性特征参数，本小节主要分析空间异质性特征参数对样本量的影响。

基于表 7-8 得到流域单元样本量折线图，如图 7-15 所示，带圆点实线表示本研究样本量估算模型样本量 N_S，带圆点虚线表示传统样本量估算模型样本量 n，带方块实线表示流域单元面积的相对权重，方块位置越高说明流域单元面积越大。从图 7-15 中可以明显看到 N_S 远小于 n，下面从地表覆盖类型空间分布和景观指数折线图中分析产生此现象的

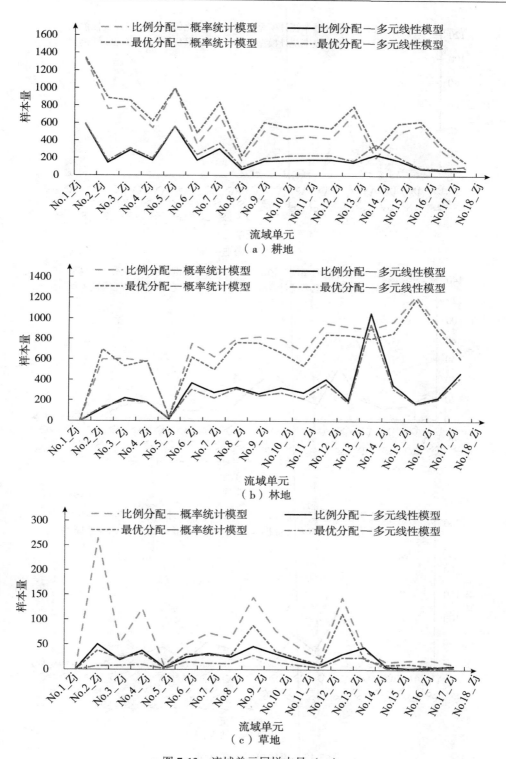

图 7-13 流域单元层样本量（一）

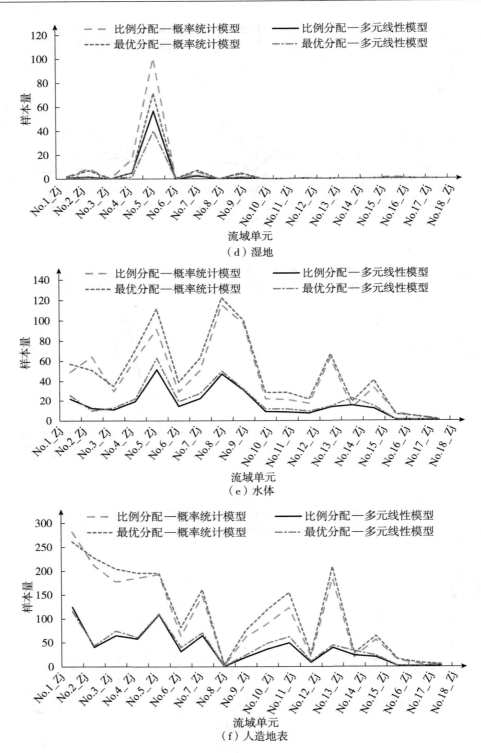

图 7-13　流域单元层样本量（二）

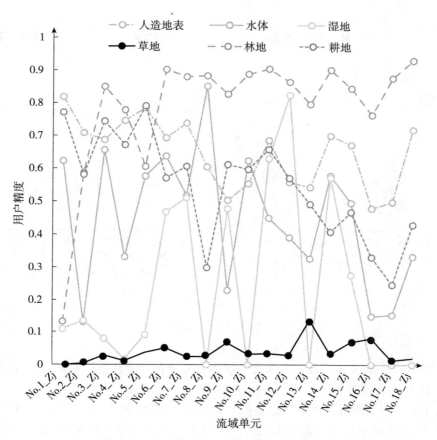

图 7-14　流域单元地表覆盖类型的用户精度

原因。

　　图 7-16 是流域单元地表覆盖类型空间分布图，主要列举了耕地、林地、草地、湿地、水体及人造地表 6 种地表覆盖类型在浙江省的空间分布。

　　图 7-16 中，林地比重最大，斑块分布连续、集中，其次是耕地、人造地表、水体、草地和湿地等。因此，地表覆盖类型集中分布且类别数量少的流域单元，空间异质性低，N_S 较小，比较明显的是位于浙江省下面区域的流域单元 No. 16_ Zj、No. 17_ Zj、No. 18_ Zj 等；其余流域单元，如 No. 1_ Zj、No. 3_ Zj 的耕地、林地及人造地表比重大，但地表覆盖类型分布破碎，空间异质性强，对应的 N_S 大。

　　图 7-17 是样本约束条件 C 与景观指数折线图，LSI 反映流域单元整体景观形态的复杂性，值越大，整个景观形状越复杂；ED 反映景观边界被分割的程度，是景观斑块破碎度最直观的反映；PD 是景观斑块数，值越大说明斑块数越多，破碎度越高；AWMPFD 也是描述景观斑块复杂度的指标，在图 7-17 中波动范围较小，对斑块复杂度敏感度低；MPI 反映景观的碎片量，值越小说明碎片越多，连通性越差。此外，图 7-17 中 C 与 LSI，PD 与 ED 的变化趋势相似，说明它们描述的景观信息特征在本质上相同。

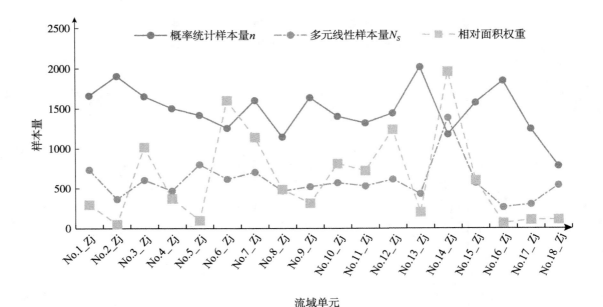

图 7-15　样本量折线图

基于图 7-17，从景观指数和样本约束条件 C 分别探讨参数指标对样本量 N_S 的影响。

（1）样本约束条件 C。

根据 7.2.3 小节内容，样本约束条件 C 表示多大范围分配一个样本，在拟合参数中，对样本量 N_S 的贡献率最大，影响也最大。结合式（7-2），在 C 值基本相同的情况下，流域单元面积越小，样本量 N_S 越小，如 No. 2_ Zj、No. 16_ Zj、No. 17_ Zj 等；在 C 值不同的情况下，C 值越高表示区域空间分布简单、空间异质性弱，N_S 较小，C 与 N_S 呈负相关；反之，C 与 N_S 呈正相关。

（2）景观指数。

理论上，流域单元范围越大，抽取的样本越多，对于概率统计理论的样本量 n，大多数流域单元符合该规律。基于图 7-15 发现，顾及地表空间异质性样本量 N_S，出现流域单元尺度越大，所需 N_S 值越小；流域单元尺度越小，N_S 值越大，这种现象还要归因于流域单元的空间异质性。流域单元 No. 3_zj、No. 6_zj、No. 12_zj 等范围较大，对应的 LSI、MPI 值较高，PD 和 ED 的值较小，表明这些流域单元景观形态简单，破碎度较低，空间异质性较弱，所需样本量 N_S 较小；No. 1_zj、No. 2_zj 和 No. 5_zj 等范围较小，LSI 也小，则需要更多的样本，N_S 大。因此，通过分析 No. 1_zj、No. 2_zj、No. 3_zj、No. 6_zj 等流域单元样本量 N_S 与景观指数之间的关系，表明考虑地表空间异质性的样本量估计模型实现了对传统概率统计模型样本量估算方法的优化。

综上所述，通过讨论分析地表覆盖类型空间分布和景观指数对样本量 N_S 的影响，说明估算样本量时考虑数据产品的异质性信息的必要性，在减少样本量的同时，可以为更好地合理配置工程项目中人力、物力、财力等资源服务。

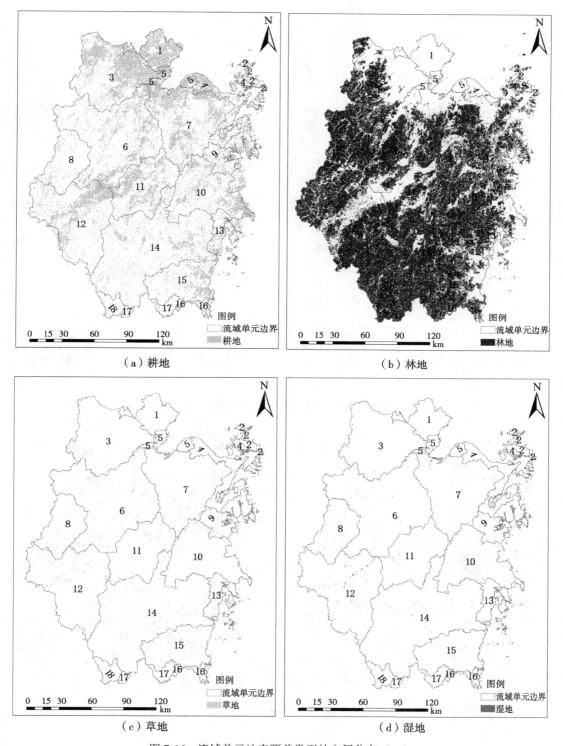

图 7-16 流域单元地表覆盖类型的空间分布（一）

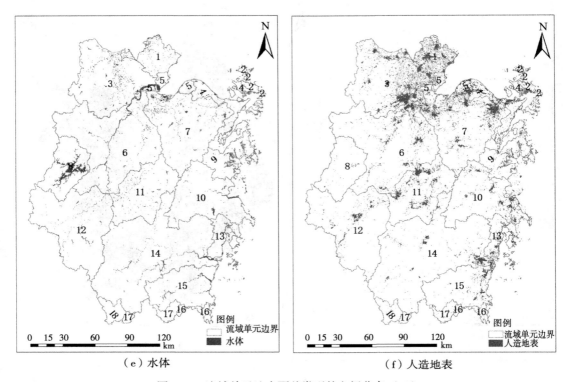

（e）水体　　　　　　　　　　　　　　　　（f）人造地表

图 7-16　流域单元地表覆盖类型的空间分布（二）

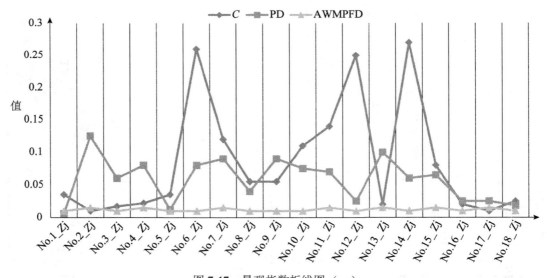

图 7-17　景观指数折线图（一）

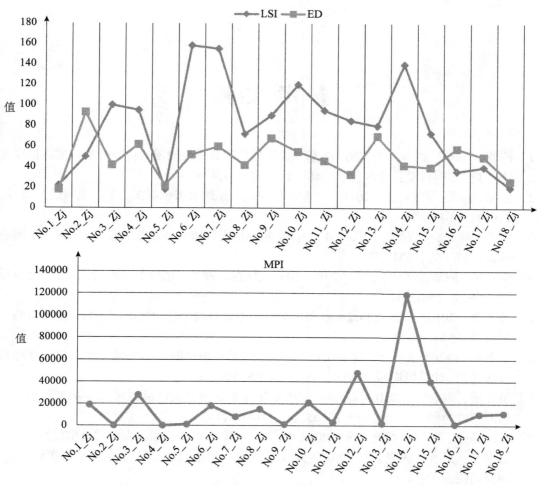

图 7-17 景观指数折线图（二）

参 考 文 献

[1] 陈斐，陈军，武昊，等．2016. 基于景观形状指数的地表覆盖检验样本自适应抽样方法 [J]. 中国科学：地球科学，46（11）：1413-1425.

[2] 陈军，陈晋，宫鹏，等．2011. 全球地表覆盖高分辨率遥感制图 [J]. 地理信息世界，9（2）：12-14.

[3] 陈军，陈晋，廖安平，等．2014. 全球 30m 地表覆盖遥感制图的总体技术 [J]. 测绘学报，43（6）：551-557.

[4] 陈利军，陈军，廖安平，等．2012. 30m 全球地表覆盖遥感分类方法初探 [J]. 测绘通报，（S1）：350-353.

[5] 傅文杰．2010. 遥感及 Fragstats 在土地利用景观格局分析中的应用 [J]. 莆田学院学报，17（5）：45-49.

[6] 黄冬梅，陈珂，王振华，等．2016. 利用空间抽样理论的遥感影像分类结果精度评价方法 [J]. 计算机应用与软件，33（7）：190-194.

[7] 黄亚博，廖顺宝．2016. 首套全球 30m 分辨率土地覆被产品区域尺度精度评价——以河南省为例 [J]. 地理研究，35（8）：1433-1446.

[8] 卡巴科弗，陈钢，肖楠，等．2013. R 语言实战 [M]. 北京：人民邮电出版社.

[9] 廖安平，彭舒，武昊，等．2015. 30m 全球地表覆盖遥感制图生产体系与实践 [J]. 测绘通报，10：4-8.

[10] 刘纪远，匡文慧，张增祥，等．2014. 20 世纪 80 年代末以来中国土地利用变化的基本特征与空间格局 [J]. 地理学报，69（1）：3-14.

[11] 梁进社，张华．2004. 土地利用变化遥感监测精度评价系统——以随机抽样为基础的方法 [J]. 地理研究，23（1）：29-37.

[12] 刘梦，曹鑫，李阳，等．2016. 考虑边界区域的地表覆盖分类精度评价方法 [J]. 中国科学：地球科学，46（11）：1472-1481.

[13] 刘旭拢，何春阳，潘耀忠，等．2006. 遥感图像分类精度的点、群样本检验与评估 [J]. 遥感学报，10（3）：366-372.

[14] 马京振，孙群，肖强，等．2016. 河南省 GlobeLand30 数据精度评价及对比分析 [J]. 地球信息科学学报，18（11）：1563-1572.

[15] 孟雯，童小华，谢欢，等．2015. 基于空间抽样的区域地表覆盖遥感制图产品精度评估——以中国陕西省为例 [J]. 地球信息科学学报，（6）：116-123.

[16] 宋宏利，张晓楠，陈宜金．2014. 基于证据理论的多源遥感产品土地覆被分类精度优化 [J]. 农业工程学报，30（14）：132-139.

［17］ 吴文斌，杨鹏，张莉，等．2009．四类全球土地覆盖数据在中国区域的精度评价 ［J］．农业工程学报，25（12）：167-173．

［18］ 王振华，童小华，梁丹，等．2010．连续大批量空间数据质量抽样检验方案 ［J］．同济大学学报（自然科学版），38（5）：749-752．

［19］ 徐冠华，葛全胜，宫鹏，等．2013．全球变化和人类可持续发展：挑战与对策 ［J］．科学通报，58：2100-2106．

［20］ 杨中，李国庆，解吉波，等．2012．Landsat-5 遥感影像精度分析 ［J］．测绘通报，（S1）：227-230．

［21］ 张建勋，汤雷，谢桃，等．2016．数字河网提取时集水面积阈值的确定 ［J］．水利水电技术，（11）：1-4．

［22］ 赵爽，修田雨，蔡国印，等．2017．GlobeLand30 产品精度抽样测试与分析 ［J］．地理信息世界，24（1）：116-120．

［23］ Arsanjani J J, Tayyebi A, Vaz E. 2016. GlobeLand30 as an alternative fine-scale global land cover map：challenges, possibilities, and implications for developing coutries ［J］. Habitat International, 55（7）：25-31.

［24］ Broich M, Stehman S V, Hansen M C, et al. 2009. A comparison of sampling designs for estimating deforestation from Landsat imagery：A case study of the Brazilian Legal Amazon ［J］. Remote Sensing of Environment, 113（11）：2448-2454.

［25］ Brovelli M, Molinari M, Hussein E, et al. 2015. The first comprehensive accuracy assessment of GlobeLand30 at a national level：methodology and results ［J］. Remote Sensing, 7（12）：4191-4212.

［26］ Cai G Y, Du M Y, Gao Y. 2019. City block-based assessment of land cover components' impacts on the urban thermal environment ［J］. Remote Sens. Appl. Soc. Environ, 13：85-96.

［27］ Cao M, Zhang Y, Zheng S, et al. 2012. Accuracy analysis of MODIS land cover data product：a case study of Yellow river source region ［J］. Remote sensing Information, 27（4）：22-27.

［28］ Chen J, Chen J, Gong P, et al. 2011. Higher resolution Global land cover mapping ［J］. Geomatics World, 9（2）：12-14.

［29］ Chen J, Chen J, Liao A, et al. 2014. Concepts and key techniques for 30 m global land cover mapping ［J］. Acta Geodaetica Et Cartographica Sinica, 43（6）：551-557.

［30］ Chen L, Chen J, Liao A, et al. 2012. A preliminary study on the method of 30m global land cover classification ［J］. Bulletin of Surveying and Mapping, （s1）：350-353.

［31］ Chen J, Chen J, Liao A P. 2015. Global land cover mapping at 30 m resolution：A POK-based operational approach ［J］. ISPRS Journal of Photogrammetry and Remote Sensing, 103：7-27.

［32］ Chen J, Liao P, Chen J, et al. 2017. 30-meter Global land cover data product-GlobeLand30 ［J］. Geomatics World, 24（1）：1-8.

[33] Curran P J, Williamson H D. 1986. Sample size for ground and remotely sensed data [J]. Remote Sensing of Environment, 20 (1): 31-41.

[34] Duveiller G, Caporaso L, Abad-Vinas R, et al. 2020. Local Biophysical effects of land use and land cover change: towards an assessment tool for policy makers [J]. Land Use Policy, 91: 104328.

[35] Foody G M. 2015. Valuing map validation: The need for rigorous land cover map accuracy assessment in economic valuations of ecosystem services [J]. Ecological Economics, 111: 23-28.

[36] Gaveau D L A, Salim M A, Hergoualc'h K, et al. 2014. Major atmospheric emissions from peat fires in Southeast Asia during non-drought years: evidence from the 2013 Sumatran fires [J]. Scientific Reports, 4 (1): 6112.

[37] Huang Y, Liao S. 2016. Regional accuracy assessments of the first global land cover dataset at 30-meter resolution: a case study of Henan province [J]. Geographical Research, 35 (8): 1433-1446.

[38] Kelley A Crews-Meyer, Paul F, Hudson, et al. 2004. Landscape complexity and remote classification in Eastern Coastal Mexico: applications of Landsat-7 ETM Data [J]. Geocarto International, 9 (1): 45-56.

[39] Kohavi R. 1995. A study of cross-validation and bootstrap for accuracy estimation and model selection [J]. International joint conference on Artificial intelligence, 2: 1137-1143.

[40] Lark T J, Salmon J M, Gibbs H K. 2015. Cropland expansion outpaces agricultural and biofuel policies in the United States [J]. Environmental Research Letters, 10: 044003.

[41] Liao A, Peng S, Wu H, et al. 2015. The production system of 30m Global land cover mapping and its application [J]. Bulletin of Surveying and Mapping, 10: 4-8.

[42] Linard C, Gilbert M, Tatem A J. 2010. Assessing the use of global land cover data for guiding large area population distribution modelling [J]. GeoJournal, 76: 525-538.

[43] Liu, J, Kuang W, Zhang Z, et al. 2014. Spatio temporal characteristics, patterns and causes of land use changes in China since the late 1980s [J]. Acta Geographica Sinica, 69 (1): 3-14.

[44] Ma J, Sun Q, Xiao Q, et al. 2016. Accuracy assessment and comparative analysis of GlobeLand30 aataset in Henan province [J]. Journal of Geo-information Science, 18 (11): 1563-1572.

[45] Mccallum I, Obersteiner M, Nilsson S, et al. 2006. A spatial comparison of four satellite derived 1 km global land cover datasets [J]. International Journal of Applied Earth Observation and Geoinformation, 8 (4): 246-255.

[46] Meng W, Tong X, Xie H, et al. 2015. Accuracy assessment for regional land cover remote sensing mapping product based on spatial sampling: a case study of Shaanxi Province, China [J]. Journal of Geographical Sciences, 17 (6): 742-749.

［47］ Newbold T, Hudsno L N, Hill S L L. 2015. Global effects of land use on local terrestrial biodiversity ［J］. Nature, 520: 45-50.

［48］ Ning J, Zhang S, Cai H, et al. 2012. A comparative analysis of the MODIS land cover data sets and Globcover land cover data sets in Heilongjiang basin ［J］. Journal of Geo-information Science, 14 (2): 240-249.

［49］ Olofsson P, Foody G M, Herold M, et al. 2014. Good practices for estimating area and assessing accuracy of land change ［J］. Remote Sensing of Environment, 148: 42-57.

［50］ Olofsson P, Foody G M, Stehman S V, et al. 2013. Making better use of accuracy data in land change studies: Estimating accuracy and area and quantifying uncertainty using stratified estimation ［J］. Remote Sensing of Environment, 129: 122-131.

［51］ Olofsson P, Kuemmerle T, Griffiths P, et al. 2011. Carbon implications of forest restitution in post-socialist Romania ［J］. Environmental Research Letters, 6 (4): 45-202.

［52］ Sun W, Du B, Xiong S. 2017. Quantifying Sub-Pixel surface water coverage in urban environments using Low-Albedo Fraction from Landsat Imagery ［J］. Remote Sensing, 9 (5): 428.

［53］ Stehman S V, Czaplewski R L. 1998. Design and analysis for thematic map accuracy assessment: fundamental principles ［J］. Remote Sensing of Environment, 64: 331-344.

［54］ Stehman, S V, Czaplewski, R L, Nusser S, et al. 2000. Combining accuracy assessment of land-cover maps with environmental monitoring programs ［J］. Environmental Monitoring and Assessment, 64: 115-126.

［55］ Stehman S V, Foody G M. 2019. Key issues in rigorous accuracy assessment of land cover products ［J］. Remote Sensing of Environment, 231: 111199.

［56］ Tong X, Wang Z, Xie H, et al. 2011. Designing a two-rank acceptance sampling plan for quality inspection of geospatial data products ［J］. Computers Geosciences, 37 (10): 1570-1583.

［57］ Tsutsumida N, Comber A J. 2015. Measures of spatio-temporal accuracy for time series land cover data ［J］. International Journal of Applied Earth Observation & Geoinformation, 41: 46-55.

［58］ Tuanmu M N, Jetz W. 2014. A global 1-km consensus land-cover product for biodiversity and ecosystem modelling ［J］. Global Ecology and Biogeography, 23: 1031-1045.

［59］ Yang Y, Xiao P, Feng X, et al. 2017. Accuracy assessment of seven global land cover datasets over China ［J］. Isprs Journal of Photogrammetry & Remote Sensing, 125: 156-173.

［60］ Zhang X, Liu L, Chen X, et al. 2020. Global land-cover product with fine classification system at 30m using time-series Landsat imagery ［J］. Earth System Science Data Discussion.